PERFECT HAIRSTYLE

完美发型不求人

PERFECT HAIRSTYLE

吴依霖/著

江苏人民出版社

目录
CONTENT

众星推荐

PERFECT HAIRSTYLE

认识依霖是通过心湄的引荐，印象中的依霖工作时严肃专注又带些专业人士特有的冷酷，但我和她相处之后发现私底下的她个性豪爽，说话时脸上有很丰富的表情，真诚又率直。有一次我们碰面时，她说她刚剪完最后一个客人，手都快抽筋了（当时已经晚上九点了），我很自然地就去摸她的手，但依霖很快把手抽走说："姐呀，我的手很粗又长茧。"我说："这有什么关系，这都是你努力辛苦付出的痕迹，所以才有今天的成绩啊！"现在，我们看到隐身在陆小曼名字背后的吴依霖回归本来面目，就像蛹已经蜕变成美丽自信的彩蝶,迎向她那美丽的魔发人生！依霖,姐丫给你点无数个赞赞赞赞赞……

台湾最美丽的欧巴桑 陈美凤

歌坛有个歌神叫张学友，发界有个发神叫吴依霖，就算剪刀手爱德华在她面前都会自叹弗如；她出手快狠准，被她造型过的头发，方脸变瓜子脸、圆脸变尖脸、尖脸变不要脸，哦！不是！一时口快，是变明星脸啦！她有一双全能巧手，能剪、能染、能烫、能造型，再不听话的发质到她手里，她也能完全掌握，唯一办不到的就是让秃头长出头发，哈哈，这时就请到嘉仕盟护发中心（李进良院长的诊所啦）！每次看发神吴依霖在电视上教观众如何造型，都犹如在看一场魔术秀，被她摸过的头发三两下就变成完美的艺术品，不论是达官显要、政商名流，还是平民百姓、贵妇艺人，被她整理过头发的没人说她不好，因为她就是一代大师——发神吴依霖。

著名主持人 胡瓜

因为自己的头型跟尺寸比较“不凡”（哈），每次换发型师，都会特别忐忑，不过第一次让当时还叫作小曼的依霖剪头发，她的态度让我相当有安全感，之后她便屡屡挑战我的底线，要我尝试以前绝不会同意的专业处理技巧。当初在关岛办结婚且拍婚纱照的时候见识了依霖的义气，她在第一时间告诉我会推掉手边所有工作来支持我，替我与 kiki 做头发的造型。那几天在燠热的海岛气候中，这位女性心中的专业发型教母跟我上山下海，除了让所有的来宾见证惊艳的创意外，更让我感动的是她尽心的程度俨然家人。当然，自此 kiki 也就黏上了她，以后剪发的日子不再只是剪发，而变成是兄妹的固定聚会。当依霖说要出第二本书时，我心想：真是太好了！女生的头发我不懂，但我想一定有很多女生自己也不懂。依霖不只是演艺圈专属的专业老师，像这样不藏私的工具书，更可以让爱美却不得其法的女生不用预约排时间去发型工作室，也能掌握最有效的小方法，好好地处理难搞的三千烦恼丝。女生们，让自己每天出门都是让男生目不转睛的千变女郎吧！要做个好男人也一定要看喔！

著名主持人 庹宗康

我记得第一次看到吴依霖老师觉得她好有个性喔！看到她帮心湄姐做的发型千变万化，我好心动，所以决定找她帮我好好改造一下，没想到可爱的老师帮我弄头发时跟我说她很紧张耶！当时我大笑说：“怎么可能！”她说是真的，在接到我的预约后，她就开始去找数据，研究我以前的发型，花时间想怎么帮我做一个不一样的发型，她真的好认真喔！果然我本来又扁又歪的头型、又细又少的头发，被老师改造得又有型又好整理，而且发量看起来变多了。吴依霖老师，谢谢你让我变时尚，我要保庇你成为被 CNN 采访的第一个台湾发型设计师，保庇你新书超级大卖。

保庇天后 王彩桦

依霖，恭喜你在众多粉丝的千呼万唤、引颈期盼下又出书了！在一片哈韩逐日的风潮中，这本实用性百分百的发型书，不但提供给全台湾千千万万女性与众不同的独门发术及经济实惠的整发妙招，更分享了时下最潮的发型时尚和简易高效的保养秘籍，让更多人开始注重头皮和秀发的亲密关系，打造出头皮减龄、秀发增亮的完美风潮。只要依照内容所示，按部就班地修炼你不吝传授的“发神功”，相信人人都能在居家生活中建构出一座个人专属的美发沙龙，进而开创出特有的发妆之美！依霖，对于你在新书中展现的独到见解、顶尖专业与卓越技艺，老牛深感拜服！

美容教皇 牛尔

这是第二次跟依霖一起合作发型书了，能够与依霖老师一起工作，对我而言是非常宝贵的学习机会。她总是用最简单清楚的字句，细心教导每一位读者，她的独门发术看似寻常，里头却遮藏着锐利的细节，每看完一个单元，总有人惊呼：“她太厉害了，帮我偷窥到了发型的秘密。”

彩妆达人 Vincent Wang

吴依霖老师在我心目中是个绝对的“实力派”！这可不是说她长得不漂亮！实在是她的变发功力叫人激赏！这是认识吴依霖老师的观众都认同的！也因为非凡的实力和超群的专业技巧，她在业界素有“美发天后”和“发神”的称号。但不管别人怎么叫她，我私底下都叫她“胖咪”！哈哈，哪来的勇气？全因为我们累积十多年的友情！回想十年前刚刚认识她的时候，她真的很壮！凶狠锐利的眼神和气势凌人的姿态实在叫人难以靠近，说真的，当时我并不喜欢她，但就在第一次合作一场发型秀后我瞬间改变了对她的看法，我看到她对美的执着和坚持，为了打造无懈可击的发型付出的热情和努力，这让同样是技术者的我充满了敬佩和感动，自此也开始了我们密切的合作和持续至今的情谊。依霖老师以一双巧手、一把剪刀走过比别人曲折艰辛的路，一路走来，她凭借着专业的实力在业界屹立不倒。她人生的每一步都走得踏实，不求侥幸。谢谢我最亲爱的“胖咪”一路上对我的扶持，发型界有你这样的“实力派”，对我和千千万万的读者来说是幸运又幸福的。

彩妆达人 小凯

如果说时尚界真的有“穿着 Prada 的恶魔”，那么依霖老师绝对是发型界的时尚恶魔，同时有着天使般的美丽面孔（笑）。每次看依霖老师为明星打造发型，身着利落洋装、脚踩 15 厘米高名牌鞋，架势十足的专注表情，我的视线久久无法离开。我曾经无数次目睹依霖老师那双宛如能变出魔法的双手，让艺人们原本毫无生气的发型，瞬间变得亮丽有型，就连身上的服装也跟着时髦起来了。很开心依霖老师的新书终于问世，相信只要彻底学习依霖老师在书中所传授的一切，即便没有天后级的发型师随侍在侧，你也会变身为魔发天后，因为，这本书就是你的御用发型师。

时尚达人 李佑群

自序
PERFECT HAIRSTYLE

2009年时我是陆小曼，那时的我，在众人眼中是一位无时无刻不戴着冷漠的面具、距离很远的小曼。

2010年，我用回本名——吴依霖。也在那一年，我的感情事件成了新闻，那时的我心中一片茫然，对一向追求完美、爱面子的我来说，就像被判了死刑般不知下一步在哪里，不知道怎么走下去。

我承认，我的脸并不讨喜，我说话时尖锐的语气通常让人不愿意听下去，但是我手中的剪刀从来没想过要放弃让人幸福的意愿。我的父亲说，他这辈子虽然贫穷，但有志气，他生前送我三样东西：

第一样是锄头，他说他这辈子都在做苦力，锄头是能够让小孩温饱的武器，他把它送给我，希望我碰到挫折与失败时不要泄气，要我像他一样埋头苦干，努力对得起自己。

第二样是一把钥匙，我父亲期待我带着上天赋予我的勇气，勇敢地去开启一扇扇门，发现里面的美好世界。这份勇气，是任何东西都无法代替的。

第三样是一张白纸，父亲希望我的世界能够靠自己缤纷而美丽，再怎么挫败，都不能放弃自己的生命，希望白纸上有我人生走过的种种足迹，那些痕迹能够给我智慧，更时时提醒我自己我来自哪里。

我真的深深感谢上天给了我许多的考验，这些考验如同心湄姐说的，是我人生中的必修课，让我再度找到生命中新的钥匙。也谢谢心湄姐及其他一直陪伴在我身边的人，你们的存在，让我能够开启另一段美丽旅程。还要谢谢一直不离不弃的所有顾客，因为你们的支持，我才能够寻找到作为一名发型设计师的价值。

对于第二本书的诞生，我满怀感恩，谢谢所有工作人员的辛苦付出，更感谢英特发股份有限公司再度帮我圆梦，才能有《完美发型不求人》的诞生，也要深深地感恩 TVBS“女人我最大”的制作团队，你们的包容，是最温暖的支持。

吴依霖只是一位从没放弃过自己、没放弃过学习的发型设计师，只是尽本能尽本分地写出我所知我所会的种种知识，并不一定完美，希望所有读者与前辈能够多多包涵并不吝赐教。

到现在人生的路已走过三分之一，大多时间我是孤独封闭的，现在正在学习微笑，学习柔软，学习放开胸怀，学习感受，学习爱，只要还活着，应该不算晚吧！

我想

我已不是行驶在黑海中的那艘孤独的船

生病了

还有医生

脚断了

还有轮椅可以行驶

眼瞎了

还有耳朵可以听

嘴巴哑了

还有手可以写

我想

只要还有呼吸

我会像个战士继续走下去的

最后祝福所有人

幸福

平安

吴依霖

2011.12.04

完美发型

PERFECT HAIRSTYLE

“舞动红色摇滚潮”
PERFECT HAIRSTYLE
具分量的朋克卷飞舞红色发梢
无可挑剔的完美线条宣示巨星降临
BeautyHair 修护喷亮亮：随时随地都可以使用的造型兼保养品，修护受损干燥发质，同时增加发丝光泽与湿度。
BEAUTY HAIR

“奢华·丝绸上质发”
PERFECT HAIRSTYLE
唤醒发丝奢华本能
实现丝绸般的柔滑、亮泽、丰盈
沙宣极致亮泽修护发膜：含氨基化合物与专柜美容护肤成分角鲨烷，能滋润发丝，强韧发芯。
沙宣日本
含高效热油完整包覆发丝，密集修护受损发质，防止发丝的蛋白质流失，加倍润泽发质。
VS
SASSOON
VS PREMIUM
SHAMPOO

"舞魅 · boyfriend 发"
PERFECT HAIRSTYLE
一见钟情的男孩子气线条层次，
极致短发也能尽情舞动女性姿态！

“Runway 气势·纱网线条”
PERFECT HAIRSTYLE
小卷度的时尚关键词：纱网般细微的线条，
蕴含深度的创意，直取目光争夺战的胜利！

“女人·潇洒新印象”
PERFECT HAIRSTYLE
丰厚质量与轻盈弧度交织的短发，
加以冷暖色调唤醒中性女人味！

"静·柔美微卷"
PERFECT HAIRSTYLE
柔和氛围的轻柔弧度微卷
再点缀甜美辫子，演出一场卷发
与编发交织出的优美罗曼史。
Panasonic 直发卷烫器：附有5种造型器，可针对各种发型进行更换，轻松创造多种风格。

“法式·摇摇发”
PERFECT HAIRSTYLE
慵懒情调渗入法式复古，
在松散的卷度中透露妩媚。

"冲突·撞色美学"
PERFECT HAIRSTYLE
缜密计算下的撞色块状染发，
挑战直发内敛＆优美的冲突美学。

完美发型不求人

PERFECT HAIRSTYLE

时而性感，时而柔美，时而妩媚，时而潇洒，时而神秘，时而狂放。发型就是心情的代言，心情变了，发型当然要变。我精心挑选的这 8 款够潮够 in 的发型，你最中意哪一款呢？挑出你最喜欢的一款，给自己一个变得更漂亮的机会吧。

独门发术
完美发型实作法

PERFECT
HAIRSTYLE

舞动红色摇滚潮

TIPS:

1. “DIY 面纸烫发”能创造出一整天的卷发，任何长度、各种发质都适合，卷度的呈现取决于发束的大小与加热的时间长短，卷度比使用电棒更持久且自然。

2. 短发要特别注意加强后脑勺的蓬度，但到发尾要渐渐平贴，才不会让头型看起来太大。

3. 将手指伸入发根，以顺时针画圈的方式加强卷发发根支撑度。

4. 整头染浅会让五官更加突显，但记得红带紫这类暖色调的发色不适合肤色黑偏黄的人。

step1

摩丝打底：先在头发上喷点水，吹风机吹到八分干后抹上摩丝，将头发打底后会较容易塑型。

step2

面纸包住发束：用面纸包住发束。

step3

往上扭转：将包好的头发往上扭转成小圈圈直到发根为止。

step4

发夹固定：以发夹夹起固定头发。

step5

烘罩加热：利用烘干型加热帽烘 20 分钟就达到瞬间烫发的效果，如果没有专业加热帽，使用吹风机都会附带的烘罩直接吹也可，不过要记得每个部分的头发都要加热到。

step6

撕开卷度：取下烘罩与面纸后，将每束头发往两边撕开，创造具有立体感的卷度。

step7

蓬蓬水先喷在手上：将蓬蓬水喷在手掌上，搓揉均匀。

step8

顺时针轻轻搓揉发根：手指伸进发根，以顺时针方向轻轻画圈搓揉，能支撑住发根，避免卷发往下塌。

step9

发尾擦上塑型冻：最后在局部后脑勺没有上卷的发尾处，顺着头发擦上塑型冻加强服帖度，就不会让整个头型看起来厚重！

---

1 BeautyHair 丰盈曼波泡：挤出来就是浓稠的摩丝质地，不会化成水，轻松打造松软蓬松的发型。

2 BeautyHair 曼波蓬蓬水：加强发根的支撑度，并能改善头皮出油，避免黏腻扁塌头发破坏造型。

3 BeautyHair 晶亮塑型冻：特殊果冻发胶，能使毛糙细毛乖乖服帖，并强化头发支撑力，质地清爽不油腻。

奢华·丝绸上质发

TIPS:

1. 要让直发柔顺有光泽，首先选对洗、润发乳很重要，因为有营养的头发才能呈现亮度，而含水度高的发丝才能避免吹整时产生头发静电现象。

2. 发质强健后就可以在吹整时省去梳子的使用，直接利用手指与吹风机顺顺地吹过。

3. 抹上少量的发蜡可以加强发丝的线条感，并用手掌轻捏（不要抓揉）发尾，使头发的丰盈感充分展现出来。

step1

喷上保湿精华液：先喷上保湿精华液，避免发丝毛糙、产生静电，并加强后续的塑型力。

step2

用手卷起发尾：用手将发束卷成小圈圈到肩膀处。

step3

吹风机先吹发尾：直接用吹风机吹发尾小圈圈，让发尾形成自然不造作的弯度。

step4

从头顶往下顺吹：手不要放掉发尾小圈圈，继续轻拉，将吹风机移至离头顶10厘米，由上往下吹顺。

step5

蘸取发蜡：手指蘸取很少量的发蜡搓揉均匀。

step6

用手指扭转发束：直接用手指扭转发束，先抚平毛糙，让发丝看起来滑润柔顺。

step7

从发尾往上轻捏：再取少量发蜡，两手相互搓揉后，将头发分两束，从发尾往上轻捏，创造出丰盈、立体感。

step8

刘海从发尾往上推：接着利用手指上残余的发蜡，以指腹轻轻揉捏刘海发尾并往上推，创造立体发束感。

step9

喷上定型液：最后用手将发尾捧起来，喷上少量的定型液。

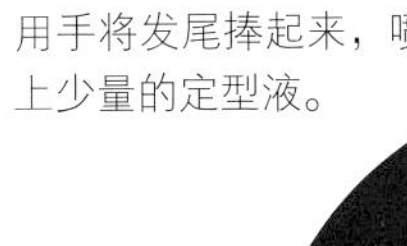

1 沙宣 强力定型喷雾：距离20～30厘米均匀喷上保持头发形状，又不僵硬，甩头发时依旧具有动感线条。

2 沙宣 保湿修护精华露：瞬间补充发丝所需的水分，并为头发做好打底，即便是早上起床时的一头乱发，也能瞬间服帖滑顺。

3 沙宣 空气波浪发蜡：加强发尾的保湿度，避免分叉毛糙影响整体造型，呈现梦想中的亮泽质感。

舞魅·boyfriend 发

TIPS:

1. 长发的人想要尝试短发并不一定要用假发，把真发简单地收成短发反而会更加自然，也不会因为戴假发使得头皮闷热不舒服。

2. 短发的重点在于发梢随性却具时尚的层次散落，利用中型的电卷棒就可以创造出刚刚好的发尾弯度。

3. 富有层次的挑染会让男孩子气的短发更增添女性魅力。

4. 假发片的颜色要挑与自己发色接近的款式，购买前先在头发上对照颜色与形状、长度是否适合自己的脸型。

5. 男孩子气的短发造型不适合正三角脸或腮帮子宽的人。

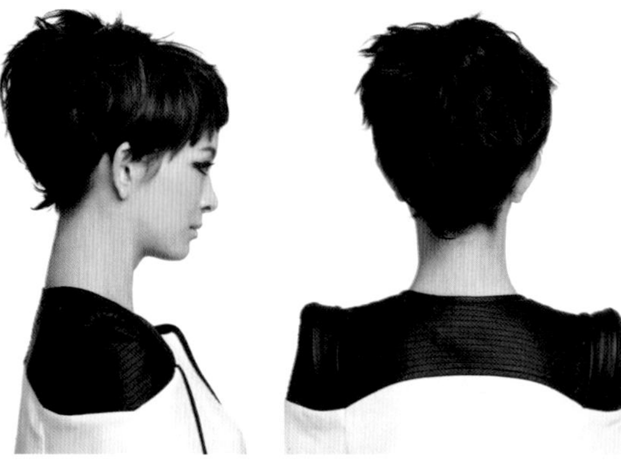

step1

头发分四区：将长发从耳朵顶端分成上下两层，再平均分为左右两边，共四区。

step2

上卷后绑起来：将四区头发中段到发尾卷出微弯卷度后，再将头发依照四区位置绑成四束。

step5

喷定型液：将定型液距离头发 30 厘米，整头均匀地喷上加强造型的固定。

step3

U 型夹固定头发：将四区发束的发尾都往头顶拉，相互交叠在一起，直接用 U 型夹以 W 型固定。

step4

戴上假发片：选择短的假刘海片，在发际线上方 2 ~ 3 厘米处扣上假发片，再用一点真发遮盖。

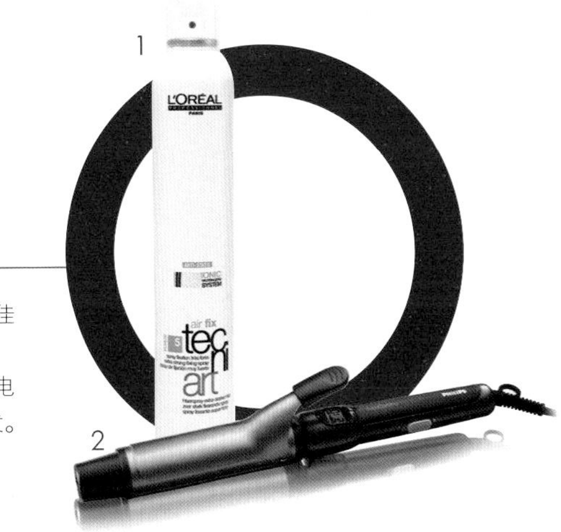

1 L'ORÉAL PROFESSIONNEL 纯粹造型系列 超速定型雾：绝佳定型效果，均匀喷洒后能让发丝呈现自然光泽感。

2 PHILIPS 纳米电气石温控电卷棒 HP4684：滑顺的纳米电器石涂层在卷发时不会因拉扯导致头发断裂，卷发同时保护秀发。

Runway 气势·纱网线条

TIPS:

1. 分区时，分线不要太明显，随意大概的分区才会自然。

2. 创造纱网状的微细卷技巧在于：每次抓取的发丝要很小撮，千万不能太多，太大撮头发撕开后卷度会变成一坨。

3. 如果你是烫小卷的人，不用担心造型会很老气，利用简单的编发也可以创造时尚感。

4. 抛弃一成不变整齐光亮的包子头，随性的散落盘发适合各种脸型、发长与发色。

step1

烘罩加强卷度：先将发尾均匀抹上摩丝，利用烘罩烘干发尾，可以创造出明显的卷度。

step2

头发分区：将头发分成七区，头顶眉尾延伸线的圆形一区，剩下左右两边头发，各自再分为上中下三区，用黑色橡皮筋先松松地绑起。

step3

编加股辫：从最上面头顶那束头发开始编辫子，碰到左右两侧的发束时，每次少量抓取两边的发束进行加股辫，一直编到底。

step4

抽出发束：接着抽出辫子的发束，上半部可以多拉出一点，创造出发丝不同的层次感。

step5

辫子尾端往上夹：将辫子尾端往上折，用U型夹固定，最后再抽出一点发丝藏起固定的位置。

step6

撕开卷度：利用手指往两侧撕开头发，可以创造出有如纱网状的微细卷度。

1 PHILIPS 陶瓷负离子双效护发吹风机、卷发烘罩造型梳：卷发烘罩造型梳，可轻松吹出蓬松卷度且丰盈的卷发。

2 沙宣 弹性波浪摩丝：就算是烫过很久的卷发，也能再次创造出立体且卷翘的卷发曲线。

女人·潇洒新印象

TIPS:

1. 吹发前可在发根先喷上蓬蓬胶，再用吹风机吹干，最后再倒刮一下就能立刻增加头发的蓬度，也能让发量少的人有增量效果。

2. 蓬蓬水与蓬蓬粉虽有支撑力，但发尾会比较松散，呈现空气感，蓬蓬胶则有高度支撑力并能集中发丝，让头发看起来根根分明，有强烈的线条感。

3. 双色染发：里层用暖色调会让肤色更加明亮，表层选择很浅的冷色调可以修饰过瘦的两颊凹陷。

4. 后脑勺的蓬度要有分量，发型才会立体，因此利用逆吹的方式能创造并维持头发的丰厚感。

step1

发根喷蓬蓬胶： 在发根上喷上蓬蓬胶，胶会让发根有线条感且更加具有支撑度，让发型有立体感。

step2

由下往上吹： 用手将头发由下往上拨，吹风机逆向吹，让发根往上立起来。

step3

刘海由下往上吹： 刘海以同样的方式，由下往上逆吹，创造出绝不扁塌的飞扬刘海。

step4

倒刮发根： 倒刮发根加强固定，并让发型更有蓬度与厚度。

step5

发尾用平板夹夹出弧度： 利用平板夹从头发的中段往发尾有弧度地夹，创造出微弯度，头发线条会更加活泼。

step6

喷上定型液： 最后喷上定型液加强固定，并给予发丝光泽感。

1 Panasonic 轻巧直发卷烫器：只要轻松“夹”、“卷”、“拉”三步骤，瞬间创造具卷度的发丝。

2 Goldwell 丰盈系列 丰胶：针对发量少的短发，只要在发根处加强就能立刻创造丰厚感及层次感。

静·柔美微卷

TIPS:

1. 因为睡觉时压着头发，经过一整夜发丝都被定型了，因此造型前一定要再将头发喷湿重新吹过。

2. 选择多功能的造型器，能避免一手拿梳子一手拿电棒或吹风机的麻烦，相当适合忙碌的女性。

step1

头发先吹八分干：

造型前先将头发喷湿，然后用吹风机重新吹干，让头发恢复直顺。

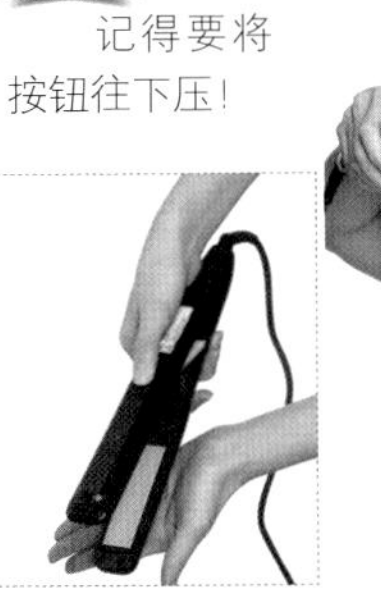

Point!
记得要将按钮往下压!

step2
利用柔顺直发造型器：先装上柔顺直发的造型器，利用宽距梳子来辅助拉顺发丝。

step3
往前夹顺刘海：将刘海全部往前夹顺再往后拨，刘海会有自然的弧度与光泽。

step4
按压发根处增加蓬度：接着用整发器轻轻按压发根处，5 秒钟后放开，再继续按压 5 秒钟放开，打造蓬松的发根。

step5
换时尚微卷造型器：接着换上时尚微卷造型器。

step6
从发尾夹住发束：从发尾处夹住头发，发尾留 1 厘米不上卷，可以避免卷度全部挤在下方。

step7
往上卷起头发：将整发器往上卷起头发，只要卷到头发中段就好。

step8
编辫子：先从眉毛往后的延伸线绑公主头，接着将两边耳上没绑起的小束头发各自编成辫子。

step9
往后夹起：将辫子往后叠在公主头上，用夹子夹起固定。

Tips!
微卷效果这样做：

step1
用手卷起发束：直接用手指将发束绕成小圈圈。

step2
整发器按压发束：整发器轻轻按压发束 5 秒放开，重复三到四次。

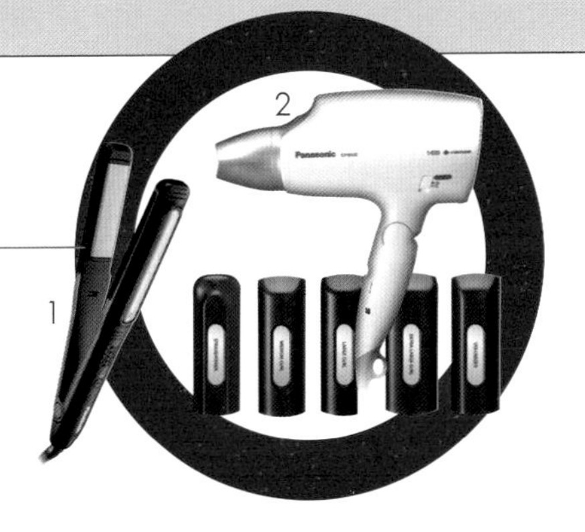

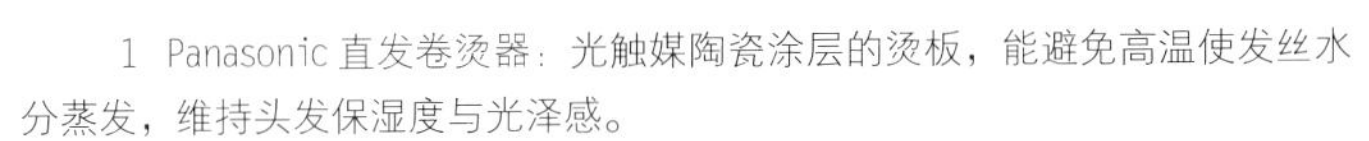

1 Panasonic 直发卷烫器：光触媒陶瓷涂层的烫板，能避免高温使发丝水分蒸发，维持头发保湿度与光泽感。

2 Panasonic 纳米水离子吹风机：进化的纳米水离子，吹整时能释放丰富的水分子，深入滋润发丝持续水感，保持头皮清爽健康，吹整同时保护秀发。

法式·摇摇发

TIPS:

1. 利用不同尺寸的电棒能交错打造出立体度与蓬松度都更抢眼的卷发；尤其现在流行剪齐长的头发，三种不同电棒会让头发的层次更明显。

2. 卷发时发束分长形片状，约0.5厘米，发尾与发根都保留一小段不上卷。

3. 打底类产品的摩丝选择油质含量低，能创造丰厚度的产品；定型液不要选强力定型，不然会让卷度过于僵硬无法摆动。

4. 不推荐国字脸、三角脸与短下巴的人尝试。

step1

摩丝和定型液打底：上电卷棒之前，先将湿发尾抹上摩丝，用吹风机吹干后再均匀地喷上定型液，可以帮助卷度更立体，但不要喷到发根。

step2

小直径的电卷棒：将头发平均分为上中下三层，上层与下层利用小直径的电卷棒，一束卷一束不卷，只卷头发的中段，保留发根5～10厘米不上卷。

step3

中直径的电卷棒：中直径的电卷棒使用在中层与下层，每隔一束卷一束，同样只卷头发的中段。

step4

大直径的电卷棒：最后再用大直径的电卷棒，使用在上层与中层，将之前没有卷到的头发从中段开始卷，保留发根5～10厘米不上卷。

step7

蓬蓬水加强发根蓬松度：最后将少许蓬蓬水喷在发根处，再用手指腹搓揉均匀，避免头顶看起来扁塌。

step5

用手撕开卷度：用手往两侧撕开卷度，会让卷发呈现相当自然的松散。

step6

平鬃梳创造松散感：利用平鬃梳由上往下梳开头发，梳一次就可让卷发变得松散，同时让发量增多，看起来有一种慵懒的感觉。如果想要线条感明显一点或本身头发量就多的人，就用大圆梳梳开。

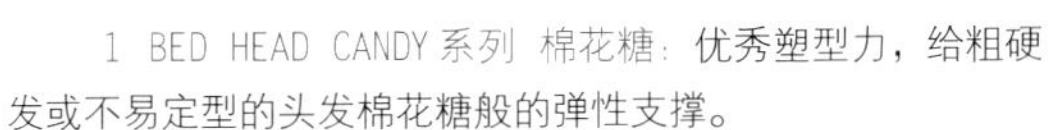

1 BED HEAD CANDY系列 棉花糖：优秀塑型力，给粗硬发或不易定型的头发棉花糖般的弹性支撑。

2 BEAUTYHAIR曼波蓬蓬水：轻松吹整或用手指腹搓松发根处，能加强头发线条感，拯救头顶扁塌。

冲突·撞色美学

TIPS:

1. “齐长发”是永恒不变的头发美学，在齐长发上运用不同颜色挑染，创造出时尚色泽是让长发更增添女人味的完美选择。

2. 染发的颜色：第一，可选深浅冷色系交错；第二，冷色系中带点暖色系。

3. 紫色搭配咖啡色非常适合黄种肤色，甚至小麦肤色的人，能为肤色带来明亮感。

4. 不管是洗、润发乳或是日间的护发精华都要选择具有护色效果的产品。

step1

梳顺头顶头发：一手轻捧头发外层，用鬃梳从最上方开始有弧度地梳顺头发，让头顶发丝不要平贴于头皮。

step2

发尾垂直梳开：延续step1 梳到发尾时要垂直往下，让发丝直直地落下。

step3

抹上保湿精华液：使用免冲洗保湿精华液，均匀地喷上头发后，用手轻轻由上往下顺过，将毛糙的发丝先抚平。

step4

刘海区用吹风机吹：刘海区往前梳，利用圆梳顶住刘海根部吹5秒钟，再往下边拉边吹顺，接着再将刘海往两边拨开，就会呈现自然的弧度。

step5

平板夹夹顺头发：将头发分三层，利用平板夹从最里层开始一层一层夹，利用高温将毛糙或有自然卷的头发夹直顺，同时加强发丝的光泽感。

step6

梳顺外层发丝：夹完板夹后再利用鬃梳，很小力地将外层尚有些毛糙的头发梳顺梳服帖。

1 潘婷 日间丝质顺滑精华露：添加荷荷巴油清爽精华，就算油性头皮也不会黏腻，给予发丝全天后的保湿、顺滑、清爽。

2 Dove 夜间深层焕新精华：针对染烫后的发丝，从发根到发梢，修护受损，减少因染发造成的秀发断裂或分叉问题。

3 Panasonic 轻巧直发卷烫器：光触媒陶瓷涂层的烫板，不会因过热伤害染发后的颜色，对于刚睡醒的毛糙翘发，也能轻松夹出直顺发丝。

完美发型不求人

PERFECT HAIRSTYLE

这些变发技巧，都是简单易行的。学会之后，你就真的可以“完美发型不求人”了。

现在，准备好造型工具及头发产品，按照我前面教给你的步骤，尝试一下自己玩发型吧。有没有觉得，其实变美丽是件轻松简单的事呢？

时尚新配饰
耀眼发色

PERFECT HAIRSTYLE

我们常会听到染发会分为冷色系和暖色系，冷色系指的是灰色、紫色、蓝色、绿色、茶色等，暖色系则有红色、铜色、橘色、黄色等。颜色还会分深浅度，专业 salon 会以 1 ~ 10 度来分，数字越大代表颜色越浅，保守的女生可染 4 ~ 6 度，让头发不那么厚重，整体气色看起来更好。如果你可接受范围较大，那么可染到 7 ~ 8 度，肤色会瞬间变得很白皙，让整个人明亮起来！

• 辨别自己的肤色

染发前首先要去辨别自己的肤色，再决定适合染哪种颜色。

1. **肤色偏白**：白里透红的肤色，常被人说皮肤好，而且不容易晒黑的人，恭喜你！基本上什么颜色都很适合你，可选择自己喜欢的颜色，或搭配你的个性来染发。

2. **肤色偏黑**：属于那种“黑肉底”的肤色，要让整个人看起来更明亮，可选择金铜色、红铜色等，不要染带黄色的。另外，如果你是属于小麦色系的健康肤色，可以选择有时尚感的茶褐色、灰棕色，不要整头染成金黄色，看起来会显得没气质。

3. **肤色黯沉**：如果属于气色不佳，常被人说没睡饱，或被说气色看起来差的人，建议选择红色系，可以瞬间提升脸部的明亮度，并带来好气色，千万不要再染黄色系及橘色系，否则会让肤色看起来更加蜡黄没精神。

• 跟着季节一起换色

衣服、彩妆甚至是包包都有季节性的变换，发色当然也一样，我们可以随着季节的转换为自己换上不同颜色，心情不一样，整个人散发的风情也会截然不同。

1. **春夏季**：春夏可选择活泼一点的暖色系，如橘色、红色、咖啡色、铜色等，因为春夏的天气趋于闷热，当温度提高，出汗出油后，会比较容易烦躁，冷色系的灰色、茶褐色会让你看起来不够明亮，头发也会显得毛糙没有光泽，因此直接选择明亮有光泽的暖色系最适合。

2. 秋冬季：秋冬给人感觉比较灰暗，建议可选择冷色系的搭配暖色挑染，尤其到了冬天，大家的衣服多为暗色系，加上外套看起来就更加厚重，如果单染一个冷色系会让你看起来似乎更加忧郁，因此可利用冷色系做底色，挑染暖色系，在冷冷的秋冬季节可以提升整个人的好气色，并为穿着加分，就算你从头到脚都是黑衣服，也会因为发色而使整个人看起来明亮，不会被暗色压住而显得了无生气。

• 从个性来看发色

发色也可表现出你的个性，但前提还是要依照每个人可以接受的范围，与适合自己肤色的状况来选择。

1. 年轻甜美：建议选择巧克力色、红棕色、铜红色、一点点铜色搭配红色挑染，展现出你的甜甜气质。

2. 大胆前卫：建议选择亚麻色、亚麻灰、亚麻绿、蓝色、深蓝色、宝石蓝、紫色、深紫色等，但是染这些颜色一定要搭配一些配色挑染或做撞色的处理，才不会让整颗头太过于夸张。

3. **活泼青春**：亮橘色、杏桃色、褐色、亚麻色、亚麻绿都能充分展现你的青春年华，让你每天都看起来神采奕奕，活力十足。

4. **成熟优雅**：建议选择砖红色、咖啡色、橙红色、金棕色等饱满的色泽，展现你与生俱来的高贵气质，更能散发妩媚成熟的女人魅力。

5. **浪漫气质**：建议选择红棕色、红色中藏一点点的紫色，表现温柔可人的清新感，甚至还可选择冷色调的灰色、铜灰色，更展现你与世无争的脱俗气质。

6. **干练女强人**：建议选择酒红色、深蓝色、灰色、深桃红色、深紫色、黑色等强烈的色彩（5 度左右最佳），利用这些色彩带出你的威严，让你走到哪儿都有专业感。

7. **内敛上班族**：建议可选择一点点咖啡色，不用太明显，或是深的红色、深的铜色，色度选 4 度左右，就算留长后也不会有明显的两节颜色落差，很适合低调内敛的上班族。

• 从脸型来看发色

染发不只能改变发色，还能修饰脸型，运用简单的挑染也能为你重塑一个轮廓，让脸型更立体，甚至创造小脸效果。不要以为挑染只是为了让头发富有变化，看起来有时尚感，其实挑染还可以适度地帮你修饰，如果你不只想改变发色，还希望可以为你的脸型加分，不妨与设计师一起讨论出最适合你的发色与

挑染位置，并以自己的肤色去搭配适合的色系与明亮度。

圆脸：在两侧轮廓可以挑染与底色相近，但色阶浅一点的颜色，才不会让圆脸像被框起来，例如：用巧克力色做底色，挑染浅的咖啡色或是亚麻色就能达到修饰效果。

国字脸：在两侧轮廓挑染浅一点的颜色，不要染黑色或深色，那样会将脸整个框起来，让脸看起来更方。例如：可利用很深的咖啡色为底色，挑染亮一点的红色或红棕色，让整个人的线条更柔和。

长下巴：只能挑染在下半部或颈部位置的头发，不然长下巴会变得更加明显，例如：用咖啡色做底色，挑染色阶近的浅棕色或浅红棕，让下巴处的发色因为颜色浅看起来有视觉模糊的效果。

长脸：基本上单色染发比较适合长形脸，如果真要挑染的话，可在后脑勺进行，让后面的头发比较有层次，让颜色分散成长形轮廓，看起来就不会是长长的一大片。

腮帮子宽大：如果是腮帮子明显很宽大的人，可以染咖啡色做底色，再从耳后的发丝开始挑染浅咖啡色系，不要用很明显的金黄色或橘色系。

颧骨高或两颊丰腴：从太阳穴以下的两侧发丝挑染一些浅色系，例如：以咖啡色为底色，挑染一点红棕色或浅棕色，当头发自然垂落于两颊时就会有很自然的修饰效果，不要挑染金黄或是橘色这么亮的颜色。

L'ORÉAL PROFESSIONNEL
专业沙龙 柔和双色染
带紫的深金＋带灰紫的浅金

Trendy Woman

用沙龙双色创造丰富发色层次

PERFECT HAIRSTYLE

年轻名媛 低调的柔和双色 交叠你的含蓄恬静

选择底色以深金带紫色加上浅金色带灰紫挑染的柔和双色染。这种巧妙的隐藏式双色，只要轻轻拨弄头发，就能不经意地透露小心机，晚上参加宴会时将头发往上盘，大胆秀出瞬间的发色转换，时而优雅时而奔放的多变风情，是专业染发才能为你带来的连连惊喜！

双色交织下的光感轮廓 赋予辫子盘发生命力

利用辫子充分展现颜色的交织感，亮色系的色块在不同光线的照射下都能呈现出光感与轮廓的丰富变化，比起单色染发，双色的光感变化更可以看出藏在辫子里面的颜色。

1 L'ORÉAL PROFESSIONNEL纯粹造型系列 雪纷飞摩丝：喷式的雪花状质地，将摩丝一片片喷在发片上，再吹整出想呈现的造型。

2 L'ORÉAL PROFESSIONNEL纯粹造型系列 超速定型雾：超乎想象的绝佳定型效果，让长发能避免风吹显得凌乱没有造型感。

放手大胆表现自我 流窜发丝间的精彩色度

将隐藏的双色染大胆绽放吧！利用另类的公主头为自己重新定位，将深金色与浅金色挑染的色块表露无遗，同色调不同色阶的发色，不会带来冲突，保留你爱的低调，演绎本位主义的女人坚持！

L'ORÉAL PROFESSIONNEL纯粹造型系列 造型狂泥：优异的造型效果及支撑力。可轻易创造出前卫、富动感的时尚造型。

歌颂复古风华 优雅的芭比年代

因为发色属冷色调，在卷度的处理上要特别小心，一般的内卷或外卷都不够有亲和力，利用横向的圆弧卷展现温柔风范，且让颜色随着波纹透露出芭比般令人羡慕的发丝光泽，打造出毫不做作的优雅女性美。

1 L'ORÉAL PROFESSIONNEL 质感发妆系列 闪光雾：造型完毕均匀喷洒于发丝上，让发色更加动人。

2 KÉRASTASE 丰凝摩丝：提升发根支撑力度，瞬间营造柔软不僵硬的自然卷度，加入几滴金致柔驭露与摩丝融合，丰盈间更显上质光彩。

颠覆安静形象 大放光彩惊艳全场

往上夹等传统刘海已经过时，最时尚的就是渐进式立体刘海造型，冷调的咖啡色底色展现出绝美色泽与立体度，里层挑染抢眼的浅金带灰色搭配一层叠一层的大弯度，充分展现你的时尚独特性，颠覆你的乖乖牌形象。

3 L'ORÉAL PROFESSION 质感发妆系列 丰量饰底乳：细软发先涂抹于发丝，雾面质感不油腻，为大卷度预先做好打底。

4 L'ORÉAL PROFESSIONNEL 纯粹造型系列 锐利定型胶：抓出明显的线条感，强力定型又不僵硬。

L'ORÉAL PROFESSIONNEL
专业沙龙 自然双色染
咖啡色＋浅金色
推荐商品
L'ORÉAL PROFESSIONNE
专业沙龙染发产品
KÉRASTASE 金致柔驭露
运用精油的极致修护力量，创造轻盈、柔滑、闪耀的秀发。
Elegant Lady
贵族千金
PERFECT HAIRSTYLE
柔软无瑕松软卷发 融合出自然双色
要让自己的肤色看起来更明亮，每天仿佛都有带着打光板在身旁的效果，专业 salon 的双色染就能完成！如果肤色带冷调就选择冷色调的发色，能创造出与脸部之间的和谐感，再加上温柔的大卷度发型，更增添女性柔美。尤其卷发随着卷度大小、深浅展现出不同的光线折射，为自然双色染带来无限可能。

L'ORÉAL PROFESSIONNEL

巧克力棕色＋偏紫红色

推荐商品

L'ORÉAL PROFESSIONNEL

柔缎饰底乳

涂抹于半干发上为发丝打底，避免热伤害。

专业沙龙 染发产品

Hip Girl

PERFECT HAIRSTYLE

渲染的对比双色

想要让脸看起来更小一点，又快又棒的方法就是到专业 salon 找设计师染发，利用对比双色改变头发深浅度。温暖深沉的巧克力棕色与冷冽抢眼偏紫的红色，创造出对比双色线条，让五官更加立体，造型可酷、可纯粹、可柔美，让你散发出冷酷中带有恬静的迷人魅力。

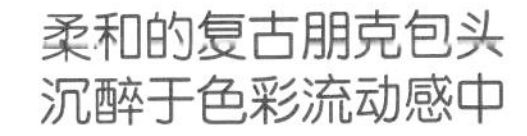

柔和的复古朋克包头
沉醉于色彩流动感中

有力道的包头透过双色的点缀呈现不狂傲却很吸引眼球的张力，发尾的交错线条，呈现出颜色的流动感，展现自然有质感的自信！

L'ORÉAL PROFESSIONNEL纯粹造型系列 造型网蜡：提供强度高的支撑力，利用手指塑造出发尾束感与线条的流动感。

绽放双色活耀异彩
再现色度风华

短发并非一成不变，冷暖色调的鲜活对比就能增添发丝的光泽感，就能创造发丝的律动，吹整时加强头发的丰厚感，即便是短发也有足够分量，让脸型更小、轮廓更立体。

1 L'ORÉAL PROFESSIONNEL纯粹造型系列 蜡胶冻：结合发胶与发蜡，深入发丝中涂抹，为发梢创造自然的弹性与律动。

2 L'ORÉAL PROFESSIONNEL雅蝶定型喷雾：维持全天造型，在造型后均匀喷上，保持发型轻松自然不僵硬。

1. 预算之内消费：为了避免消费时会产生的许多问题与纠纷，每个人在上 salon 时，一定要先了解自己可以接受的价格范围，salon 的计费各有不同，一定要先问清楚，有时染单一颜色是 2000 块（新台币），染两个颜色要 4000 块（新台币），洗色、去色费用是另外计价。如果你的预算不够，可以直接告诉设计师，让他知道你今天的预算有多少，可以进行哪些项目，让设计师帮你挑选，可能今天先做单一染发，下次再作其他颜色的挑染，也可以让你省下荷包。

2. 告知身体状况：要染烫前如果刚好月经来、刚怀孕，或刚做过重大手术等特殊状况，一定要先告诉设计师，让他来判断你的头皮与身体是否适合做染发或是烫发这类的化学处理。不要有侥幸的心理，觉得没关系，很多人就是因为没有事先告知而在染烫过程中发生断发或毛囊坏死等严重情况。因此大家在染发前一定要先将目前的身体状况讲清楚。

3. 长期服用药物：长期吃中药的人一定要告知设计师，因为这类人在染发时染剂的颜色会比较难进入头发中，设计师必须要特别调整合适的色度。

4. 曾染过黑发：如果你因本身发色浅而染过黑色，又想再重新染浅时，一定要告知设计师，因为染过黑色的头发，要再次进行染色，一定要进行洗色或去色的程序，如果你没有事先告诉设计师，设计师会依照一般程序染发，颜色会染不上去，甚至会产生两节发色或颜色不均的情况。

5. 身体感到不适时：当进行染烫时，如果感到不舒服，包括刺痛、灼热、头晕、想吐、眼睛发红、一直流眼泪、眼睛睁不开等情况，千万不要忍耐，要立刻告知设计师，请他马上帮你把药剂冲掉，以最快速的方式解决头皮上的不舒服，千万不要为了美拿自己的身体开玩笑。

6. 务必做头皮隔离：在 salon 做任何染发时，请大家要记得注意设计师是否有帮你进行头皮隔离的动作。这是染发的一个基本步骤，如果设计师没有做，请你一定要他帮你先做头皮隔离，当然有些可能要另外收费。

7. 自己的造型风格：染发前可先跟设计师讲自己平常的穿衣风格，有可能染发时穿的很休闲，但其实你是干练的女强人。还可以讲一下你喜欢的衣服颜色，平常有否戴眼镜等等，关于你自己造型上的风格，都可告诉设计师，让他能够为你量身定做适合的发色。

8. 居家护理与造型：很多人染了漂亮的发色，回家后却很快失去光泽或是变得毛糙，其实最好的方法就是在 salon 染发时，就告知设计师自己的护理与造型习惯。例如，通常是自己洗头发还是在 salon 洗头发、平常都用哪些洗润护产品、造型品有哪些，甚至可以将你所使用的产品拍照，直接拿给设计师看，以便让设计师了解你使用的产品是否适合染发后使用，同时请他依照你的护理与造型习惯，为你设计一套专属的整理方式与适用产品。

9. 不要自己重染：做完染发，如果不喜欢，请不要冲动地自己去买染膏回家重染，有任何不满意的地方，告知设计师，请他进行补染，但一定要等三天到一周过后才可进行。

10. 要告知长期没有染发：如果已经长达 3 ～ 5 年没有染过发，请先告知设计师，让他在染发时可以针对发质进行不同的染剂调配。

11. 敏感测试：如果你到了一家新的 salon，不知道他们家的染发剂是否会造成过敏，染发前请设计师先帮你做敏感测试，判断可否染发。

12. 告知过敏原：除了上述的敏感测试外，如果你本身是过敏体质，也知道对哪些成分过敏，一定要告知设计师，避免意外发生。

13. 不要勉强上色：如果头发怎么样都染不了想要的颜色，就不要硬染，不要以为染膏放越久就会越吃色，不当地使用染剂是会伤害头皮与头发的。

14. 呼吸新鲜空气：因为salon的空间密闭，充斥着药水味，很容易在染烫过程中觉得头晕，可跟设计师反映，暂时停止烘罩加热，走到阳台或salon外呼吸新鲜空气。

15. 早晨的造型护理：如果你是每天早上洗头，或是早上只有10分钟可以整理头发，这些细节，都可以告知设计师，让设计师依照你的生活习惯来指导你一些小技巧，通常会有意想不到的大收获喔！

16. 若有不适请看医生：如果在染发后，有任何不舒服要马上看皮肤科医生，并告知设计师，这不是在责怪设计师，而是要让设计师更加了解在服务顾客时要注意些什么。

17. 与助理多聊天：当助理帮你洗头时，通常他们会询问你今天要进行的消费项目，以及自己如何在家护发，这时可以跟他们讨论染发后该注意的事项，可以选择哪一类的产品等，因为助理是你在salon首先会接触到的人，他们更要照顾每一位客人的需求。

头皮减龄法&头发保养术

PERFECT HAIRSTYLE

SECT. 漂亮的头发来自头皮

头皮自我检查

头皮跟身体及脸部肌肤是一样的，身体及脸部肌肤会有的问题，头皮也会有。首先我将头皮分为以下10大类别：

1. 健康头皮：像婴儿一样，肉眼看起来是白中带粉红色，非常地粉嫩健康。

2. 油性头皮：油脂分泌旺盛，看起来就是发亮且黄色的头皮。

3. 掉发头皮：灰头皮，多为体内问题造成，如营养不良、减肥等。

4. 干性头皮：带白色的头皮。

5. 敏感性头皮：红色头皮，敏感性头皮的人体质多为酸性。

6. 干性加敏感性头皮：红色、会发痒，有白色颗粒（像粉刺）及头屑产生。因为头皮太干，导致头皮紧绷没有弹性，让头皮血液循环不好。

7. 油性加敏感性头皮：油脂分泌旺盛，有油臭味及暗疮（按下去会痛），必须进行治疗，若置之不理，暗疮结痂脱落后的区域就会有发根强韧度不够、毛囊萎缩的情况。

8. 偶发性敏感头皮：因睡眠不足而产生，头顶温度过高，还有压力大、内分泌失调也会有偶发性的头皮敏感发生。

9. 头皮温度过高：头皮温度太高太热，会造成发根强韧度不够。

10. 头皮温度过低：血液循环不好，容易疲累偏头痛，体重易增加，无法维持正常代谢，导致头发干燥甚至产生落发问题。且体温低的人比体温高的人更容易脱发。

头皮老化

头皮老化的初期症状有：干燥、敏感、头皮异常干痒、头皮屑增加、脆弱、头发没有光泽且容易分叉。头皮老化除了体内问题还有外在因素的影响，如空气污染、紫外线伤害、过度染烫等等，但只要提早做好居家护理，就能帮助头皮抗老化。

解决方法

1. 油性头皮：去油，水疗 SPA 是不错的选择，可将水温调到 25～30℃，用莲蓬头冲头来按摩头皮。

2. 干性头皮：不可使用油质成分太高的洗发精，因为油不能保水，要选择能为头皮保湿的产品。

3. 落发头皮：应该立刻找皮肤科医生做检查。

TIPS

精油搭配按摩：按摩可以让头皮恢复弹性，搭配对头皮有帮助的精油，或依照自己当时头皮的状况来选择，每周一次通过按摩让精油更快速渗入发丝，也有利于头皮健康。

头皮敏感时的护理

1. 洗发精不可含有酒精或药性，生发洗发精、深层净化洗发精因含碱性太高都要暂停使用，选择有舒缓或抗敏感等字眼的洗发精，这类洗发精都是弱酸性，pH 值在 4.5～5.5 之间，如天然植物配方或婴儿用洗发精，等到头皮敏感状况好了之后再恢复使用普通洗发精。

2. 不要熬夜，多吃水果、蔬菜可帮助体内排毒，也不要吃刺激性强的食物。

3. 心情放轻松，突然的压力剧增也会产生头皮问题。

4. 若敏感非常严重，可在洗头前将棉花或化妆棉浸泡在冰牛奶中，然后置于头皮上 5～10 分钟，不可抓、不可按摩，再冲水。

5. 洗头的水温不能太高，不然会把头皮原本水分带走，导致更敏感，也不能在太阳底下晒太久。

6. 多吃维他命 A、维他命 E。

头皮与头发的常见问题及改善

为了让大家在面临头皮与头发问题时，能正确应对，我在下面表格中整理总结了常见的问题与改善方法。

	会出现状况	引发因素	外在解决方法
干性发质	头发容易分叉、乱翘，纠结，且没有光泽	头皮油脂缺乏	选择保湿洗发乳、深层护发素，滋润头发
油性发质	头发难造型，发根油腻，头发容易扁塌	头皮油脂分泌旺盛	不宜用过于滋润的洗润发乳与造型品
易断发质	头发稍微用力梳就断，新长出来的头发很细	血液循环不良，营养不好	多按摩以促进血液循环，强化发根与毛囊
稻草发质	自然卷，头发很毛糙	潮湿的环境或长期吹整不当	洗完头要将头发顺顺吹干，头皮更要保持干燥，避免头发受到热伤害
染后受损发质	头发没有光泽，颜色不饱和	染发时的化学伤害，染后没有护发	选择染后专用的洗护产品，避免照射紫外线
干性头皮的头皮屑	头皮屑是白色的	过度的角质增生	清洁舒缓头皮
油性头皮的头皮屑	头皮屑是黄色的，头皮会痒	油脂分泌过剩	去油，镇静头皮避免发痒
遗传落发	额头与头顶的毛发越来越细	最大因素为遗传，血液循环不良也会造成	药物控制，清洁头皮
偶发落发	头顶突然掉发，头发无光泽	荷尔蒙失调，压力、熬夜、疲劳、化疗、不当绑发	健康饮食，养成良好卫生习惯，保持心情愉悦

毛囊发炎的原因与保养

很多人都遇到过毛囊发炎的问题，症状为有一点红红痒痒的，但很多人都不知道为什么会发生这种状况，现在就告诉大家：

1. 青春期油脂分泌旺盛。

2. 月经前。

3. 夏天闷热。

4. 生病，免疫力下降。

5. 熬夜、失眠。

6. 卫生习惯不好的人。

7. 长期绑马尾。

8. 续发性毛囊炎：头皮出油比脸还严重的人，常常痊愈了又再复发。

● 如何发现毛囊出现问题

当头皮的油脂越来越多，头发越来越细就要注意，有可能毛囊已经被油脂堵住无法呼吸，长期下来就会成为细菌的家，毛囊因此越来越小，头发也会因为毛囊阻塞而长不出来。

另外，如果发现最近头皮越来越紧绷，就表示头皮血液循环不好，这时候看看电视、听听音乐，吃自己喜欢吃的东西，放松放松心情就好了。

▶ 解决方法

1. 长期绑发不透气的人，松开马尾后要做头皮定点按摩，舒缓一整天的紧绷，这样也可避免因绑太紧而造成头皮松弛。

2. 不管普通帽子还是安全帽都要清洁，帽子材质要透气，并随身携带一瓶日用头皮喷剂，维持头皮pH值，避免细菌滋生。

3. 洗发精不要直接倒在头皮上，这样容易引起脱发、发炎。

4. 洗完头一定要保持头皮的干燥，当头皮出油时，油水混合会让发炎伤口和痘痘更严重，起码要吹八分干，不要完全不吹。

5. 大量喝水，通过喝水促进身体排毒。

6. 拒吃高热量、高脂肪的食物。

7. 头皮一定要定期清洗，保持清洁。

8. 一定要选择适合自己头皮状况的洗发精。洗发精成分中的丁香可帮助抗菌，柠檬可帮助消炎，薄荷可帮助安抚。

9. 洗头时利用双手在肩膀以上舒缓按摩，促进血液循环。

10. 头皮也要保湿和控油，就算认真地洗发，毛囊也不见得是健康的，还是会出现角质污垢的堆积，所以头皮的保养很重要。

11. 头皮或毛囊有任何问题请找皮肤科医生咨询。

● 染烫后的保养

在美发 salon 进行染烫，一定要先做头皮隔离，就像脸部的隔离霜，保护皮肤不受伤害，降低所有化学药剂引起的反应。如果在染烫过程中出现“刺痛”或“灼热”，请各位一定要告诉设计师，务必将头皮上所有化学药剂用 30℃以下的温水尽快冲掉，千万不要忍耐，因为这可能会造成头皮受伤!

另外，要提醒怀孕、月经来、头皮敏感、刚动完大手术以及化疗疗程刚结束的人，尽量不要染烫。

● 染烫后会出现的问题

1. 紧绷。

2. 发痒。

3. 头皮会有一些碎屑。

4. 过敏性的接触皮肤炎：染烫的药剂过量、操作时间太久或漂头发都会造成过敏性皮肤炎。

▶ 解决方法

1. 洗发精要用弱酸性，pH 值 4.5 ～ 5.5 之间，市面上或美发 salon 都有，最好的就是婴儿洗发精，可减少头皮刺激，容易清洗，不会残留在头发头皮上。

2. 用温水冲洗，如果温度过高，洗完头皮会更痒。

3. 不能抓或用力搓揉，只能用手指腹轻轻地按压轻洗头皮。

4. 千万不要用含酒精的产品，不然会更刺激。

5. 保持良好的卫生习惯，枕头一星期换一次。

头皮自然疗法最安全

1. 头皮牛皮癣的自然疗法

虽然没有头皮牛皮癣的疗法，但有各式各样的方法能减轻头皮牛皮癣的痒和赤红现象，建议选择含有以下成分的产品：

(1) 荷荷巴油（Jojoba oil）：为头皮保湿且可帮助重新平衡油脂。

(2) 印度楝树叶油（Neem oil）：自然抗发炎且帮助止痒。

(3) 芦荟（Aloe Vera）：能镇静和改善干燥现象。

(4) 薰衣草油（Lavender）：舒缓头皮并帮助止痒。

2. 干燥与压力问题头皮的自然疗法

(1) 橄榄油和薰衣草油：以半杯橄榄油与 5 滴薰衣草油混合，按摩头皮 10 分钟后用温水冲洗，每个星期一到两次，直到头皮干燥现象改善。

(2) 芦荟：将芦荟打成汁放在头皮上敷 10 分钟后，用温水冲洗，每星期一次。

(3) 蜂蜜、茶树精油和苹果汁：将苹果汁与蜂蜜以 1:2 的比例混合后，滴入 2 滴茶树精油，敷在头皮上 10 分钟后，用温水冲洗，每星期一次。

(4) 燕麦、迷迭香精油和薰衣草精油：将 1/2 茶匙的燕麦倒入 6 杯水煮 1 小时，过滤燕麦粥，滴入 5 滴迷迭香与 5 滴薰衣草精油，等到冷却后再敷于头皮上 10 分钟，用温水冲洗，每星期一次。

3. 一般头皮痒的自然疗法

“牛奶”是方便取得又安全的保养素材，准备好棉花，将之浸泡在冰牛奶中，再把棉花直接敷在头皮上 5～10 分钟，牛奶中的特殊乳酸成分可帮助剥离老废的角质，让头皮感到滋润与柔软，并能安抚发痒的状况。

问题性落发

适量地掉头发是正常的，但当你发现所掉的头发越来越细时，就应当注意可能是问题性落发！

1. 甲状腺分泌产生问题掉发：A. 甲状腺机能减退：因为甲状腺与新陈代谢息息相关，当甲状腺机能减退时头皮油脂少，头皮会很干燥而且会变硬，影响头发生长并造成大量掉发。B. 甲状腺机能亢进：甲状腺分泌过多会让油脂分泌旺盛，使得毛囊阻塞，头皮容易滋生细菌，造成大量掉发。

2. 压迫性掉发：经常在某区域施加压力，会造成血液循环不良，头发生长有障碍，如绑马尾、戴帽子或安全帽，会造成局部掉发，严重的话也会整头掉发。

3. 贫血性掉发：女性经常发生这类掉发，多是因血红素不足；另外还有动过大手术后，因失血过多而掉发。

4. 荷尔蒙失调掉发：过多的雄性激素会造成油脂分泌旺盛，容易阻塞毛囊造成掉发。尤其有多囊性卵巢症候群的女性就是因为雄性激素旺盛，要特别注意！但目前对于荷尔蒙失调为何会造成掉发，还没有明确的答案。

5. 快速减肥掉发：快速减肥会让身体产生营养不均、荷尔蒙失调等问题，也会造成掉发。

解决方法

1. 养成良好的卫生习惯。

2. 洗完头之后头皮一定要吹干。

3. 每周应进行头皮去角质一次，头皮按摩一次，按摩可促进头皮血液循环。

4. 不使用尼龙梳齿的梳子。

6. 梳子要定期清洗。

7. 选用弱酸性的洗发精与护发素，pH 值不要高于 5.5。

8. 面对计算机的时间不要过长。

9. 熬夜不要太频繁。

关于男性落发

男生秃头与否在青春期之后就会决定！当男生发现前额或头顶的头发越来越细、毛囊越来越小，就有可能会秃头；还有在青春期虽然出油量不大，但进入中年突然开始出油旺盛就属危险群。多数男生秃头来自父亲或祖父遗传，现在针对男性秃头已有药物可以服用，但必须告诉大家的是：从青春期开始就要重视头皮清洁！

特别提醒——头皮及头发所需的营养素

1. **碳水化合物：**提供人体所需的基本能量，维持体内细胞正常运作。要摄取碳水化合物可多吃：(1) 食糖：果糖、蔗糖；(2) 淀粉质食物：米、马铃薯、面包；(3) 纤维质食物：水果、蔬菜。

2. **脂肪：**提供身体热量及协助构成或修补组织，当身体缺乏基本的脂肪酸时，头皮会有鱼鳞片般的头皮屑剥落。要摄取脂肪可多吃：(1) 冷压植物油：蔬菜油、葵花籽油、橄榄油、花生油；(2) 动物性油脂：牛油、肉类、猪油。

3. **蛋白质：**帮助修补组织及维持新陈代谢。蛋白质对头皮、皮肤、指甲非常重要，蛋白质不足会让头发变得脆弱易断。要摄取蛋白质可多吃：(1) 谷类：小麦、燕麦、米；(2) 肉类：瘦肉、鸡肉；(3) 大豆：豆浆、豆腐及其他大豆制品；(4) 乳制品：奶、吉士。

4. **水分：**人体需要量最大的养分，每人每天至少要喝 1500ml 的矿泉水或温开水；也可多吃蔬菜水果来补充水分。建议少喝含糖饮料，饮料中的糖分会使头皮屑增加，影响头发的健康。

5. **维生素 A：**对头发、皮肤及指甲的保养非常重要，也能预防皮肤粗糙，若缺乏维生素 A 容易有脱发问题。要摄取维生素 A 可多吃：(1) 全脂乳制品：鲜奶、吉士；(2) 蔬菜类：胡萝卜、菠菜、番茄；(3) 水果类：香蕉、木瓜、芒果、西瓜；4. 其他食物类：蛋、肝脏 (鸡肝所含维生素 A 最多)。

6. **维生素 B 群：**可强化头皮的健康，缺乏维生素 B 群会造成脱发或使头发生长速度缓慢，也容易产生脂漏性皮肤炎，要帮助头发快速生长及预防白发，就要多吃含有维生素 B 群的食物。要摄取维生素 B 群可多吃：(1) 水果类：葡萄干、柑橘类、甜瓜、香蕉、菠萝、番茄；(2) 肉类：猪肉、肝脏或其他瘦肉；(3) 深绿色蔬菜；(4) 其他食物：牛奶、麦片、花生、海藻、干果类、酵母菌。

7. **维生素** E：具有抗氧化作用，能增加头发光泽，减少掉发。要摄取维生素 E 可多吃芝麻、植物油、豆腐、鱼、芦笋、坚果、全谷类。尤其芝麻在中医的理论中具有补血、乌发、润肤的功效，并能延缓老化。

8. **维生素** H：能让皮肤及毛发正常生长，若缺乏容易产生皮肤炎、头皮屑增多及落发问题。要摄取维生素 H 可多吃：(1) 水果类：柚子、葡萄；(2) 其他食物：乳制品、酵母、豆类。

9. **维生素** B_6：若缺乏维生素 B_6 会导致头皮发炎、敏感、脱发、秃头及脂漏性皮肤炎。要摄取维生素 B_6 可多吃：(1) 肉类：鸡肉、猪肉、牛肝；(2) 水果类：苹果、香蕉；(3) 其他食物：麦芽、豌豆、白菜。

10. **碘**：能促进甲状腺及荷尔蒙的分泌，帮助头发生长，维护发质健康及增加光泽。一般海鲜海产都含有丰富的碘，所以可多吃海苔、海带、贝类、龙虾、粗海盐。

11. **铜**：能预防自由基影响头皮的健康，缺乏铜会引起头发异常断裂。要摄取铜可多吃牛肉、蘑菇、干果、谷类、根茎类蔬菜。

12. **铁**：可以增加抵抗力，缺乏时会引起缺铁性贫血。要摄取铁质可多吃：(1) 肉类：红肉、羊肉、猪肝；(2) 绿色蔬菜；(3) 其他食物：紫菜、全谷类、干果、黑豆、芝麻、红枣、黑枣。

13. **锌**：是优质发质必需的营养素，可防止掉发，使头发健康有光泽，缺乏锌会引起湿疹、干癣并让免疫力下降。要摄取锌可多吃：(1) 各类海鲜；(2) 其他食物：何首乌、南瓜子、芥兰、海藻类、杏仁、豆腐制品、牛奶、麦芽。

14. **维生素** C：可抗衰老，更可让营养素顺利传达到发根。要摄取维生素 C 可多吃：(1) 蔬菜类：绿色蔬菜、花椰菜、高丽菜；(2) 水果类：奇异果、番石榴、草莓、葡萄柚、番茄。

SECT.DIY 天然头膜

寻找纯天然、没有添加任何化学产品的食材来制作，能够让头皮新陈代谢更正常，且避免再度刺激，是安全、健康又环保的保养方法。

需要准备的东西

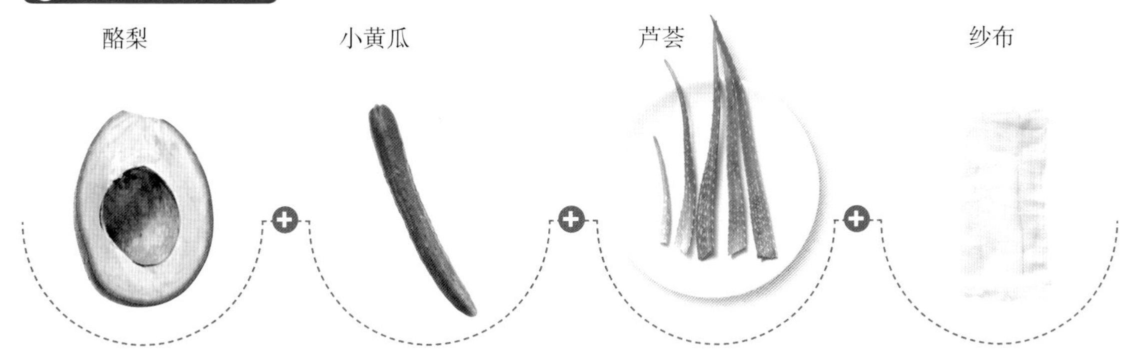

注意事项

1. 制作的天然头膜为一次性使用品，不可冰在冰箱中，那样会变质。

2. 如果要加水，一定要用软水，如矿泉水或煮沸过的水，因为一般自来水为硬水，其中含有的微生物会伤害头皮。

3. 剩余的渣渣用来搭配头皮按摩会很舒服。

4. 冲洗的水温控制在 35℃上下。

5. 敷头膜要在洗头前头发干燥的状况下进行。

芦荟沁凉舒压头膜

step1

将芦荟切半后再切成小块，皮不用去除，但两旁尖尖处要削掉。

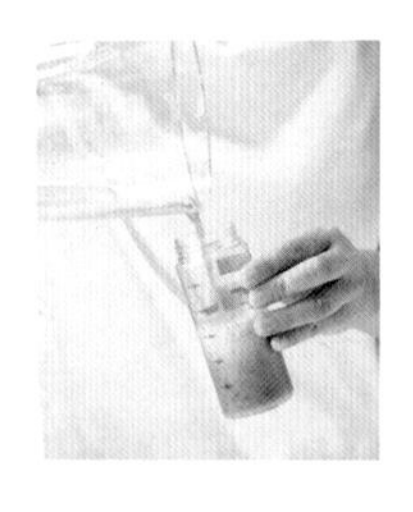

step2

加少量的水放进果汁机里面一起搅碎。

step3

将搅碎的芦荟汁倒入瓶子里。

step4

直接喷洒在头皮上（也可用刷子刷于头皮上），等待10分钟后用温水冲洗掉。

酪梨＋小黄瓜健康舒缓头膜

step1

将酪梨切丁，不用削皮。

step2

小黄瓜切成小片。

step3

以1∶1的比例先将小黄瓜（因小黄瓜比较硬）放入果汁机里搅碎，再放入酪梨一起搅碎，不用加水。

tep4

将搅碎后的蔬果泥倒入碗里。

step5

再将蔬果泥放在纱布上。

step6

利用纱布过滤，将蔬果汁挤入碗里。

step7

用刷子直接将蔬果汁头膜刷在头皮上，停留10分钟。

step8

用温水冲干净后，再进行一般的洗发步骤。

SECT. 头皮水疗 SPA

洗澡时可以利用莲蓬头在家进行简单的 DIY 水疗 SPA，尤其对于油性头皮相当有帮助。水温约 25℃，莲蓬头的水要水雾状，不可单束水柱状，否则冲击力会太强。

step1
冲顺时针：将莲蓬头在头顶上方顺时针画 3～5 圈。

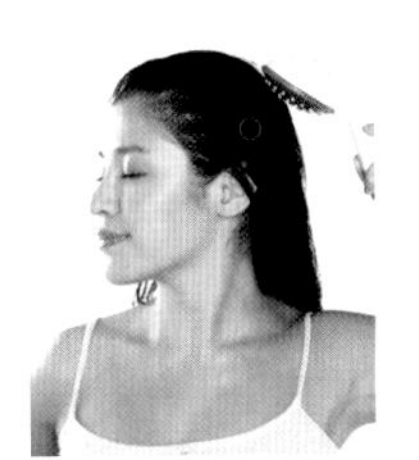

step2
耳上定点冲：耳朵斜上方 45 度处，定点冲 30 秒。

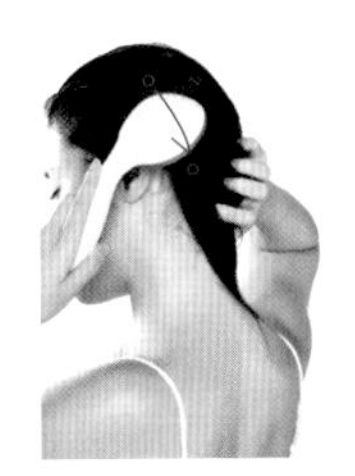

step3
将莲蓬头往下拉：衔接步骤 2 将莲蓬头往下拉到耳下，同样定点冲 30 秒，再换另一边 SPA。

step4
后颈定点冲：最后冲后脑勺到颈部发际线处，每处定点冲 30 秒。

SECT. 头皮按摩

头皮按摩可以消除疲劳，有助于放松、排毒并达到拉提效果。但有以下状况者不可按摩：出油严重、掉发、敏感性头皮。

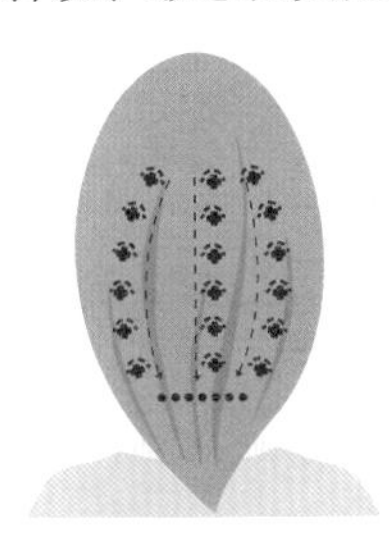

step1
后颈按摩：后脑勺到颈部发际线处按摩，可以活化脑部肌肉，让精神更好。

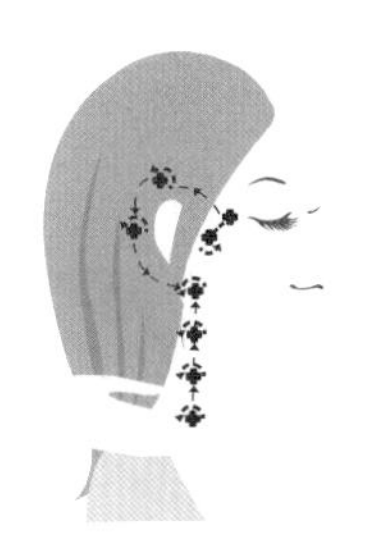

step2
耳朵周围淋巴按摩：顺着耳朵周围往下按摩，可以松弛皮肤，放松紧绷的神经。

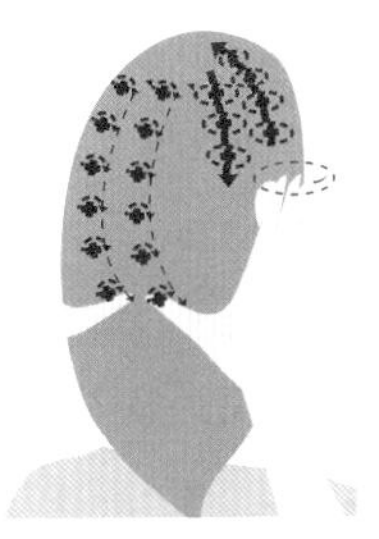

step3
整个头皮按摩：活络头部的血液循环，促进头发生长与改善头皮温度过高或过低问题。

step4
前额按摩：刺激此处穴道，可让眼压放松。

step5
发际线按摩：可以拉提脸部，达到紧实 V 型脸的效果。

SECT. 头皮按摩小帮手

头皮的保养除了选择适合自己头皮状况的产品外，每天花一点点时间按摩也可以让头皮更健康，如果你无法掌握手指的力道，不妨利用小帮手来协助吧！

懒人专用头皮按摩器：懒人专用的头皮按摩器，不只按摩头皮也可以轻轻按压颈肩，放松整个颈部与头部的紧绷感。

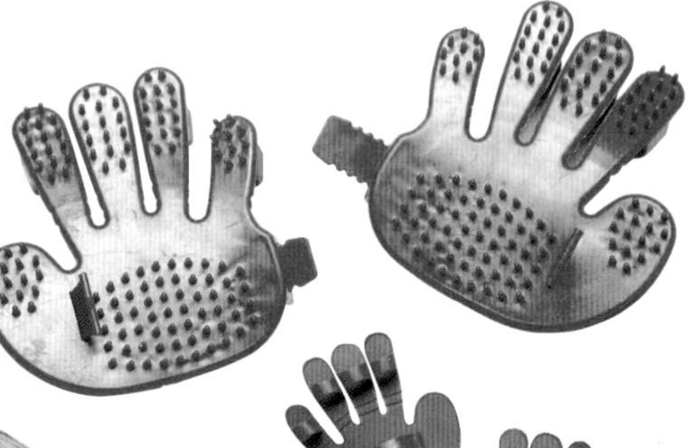

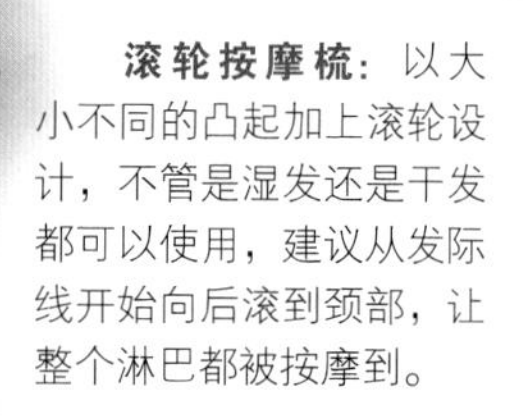

滚轮按摩梳：以大小不同的凸起加上滚轮设计，不管是湿发还是干发都可以使用，建议从发际线开始向后滚到颈部，让整个淋巴都被按摩到。

SPA美发梳：以柔软的合成树脂制成，洗发时使用可以带走头皮脏污，并做头皮穴点刺激，干发时使用可为头皮按摩！

手套式头皮按摩器：双手直接戴上，透过手套上的按摩齿，轻轻地定点按压头皮，促进血液循环，尤其对于有做水晶指甲不方便按摩的人来说相当便利。

按摩洗发梳：洗发时进行简单的头皮按摩，这款刷毛是柔软材质，不会伤害头皮，且尖端还有三个小凸起，在按摩头皮的同时也能清洁毛囊堆积的油脂与污垢。

牛奶：冰的牛奶可以舒缓头皮痒，达到镇静的效果，只要用化妆棉或棉花蘸取后敷于头皮就 OK！

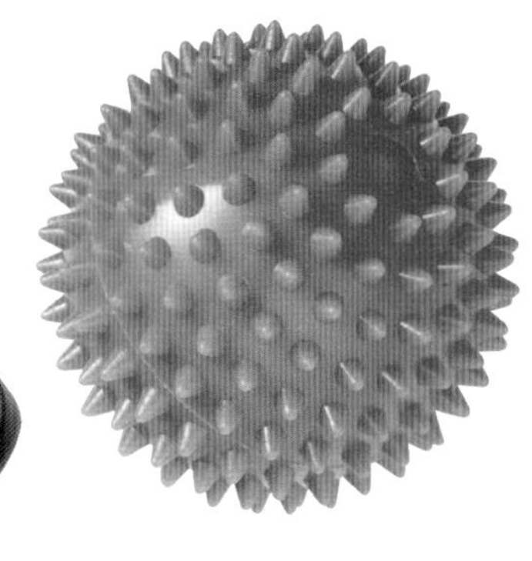

头骨按摩球：整颗球都有凸起的按摩齿，看电视的时候随意地滚动，能够促进血液循环，连腮帮子肉肉脸都可以拿来滚，达到消除水肿的功效。

美发按摩柔顺发梳：人体工学手握的形状设计，不会因为手湿而不好握，按摩齿长短交错，按摩时能确实刺激穴位。

精油：选择含有薰衣草、柑橘的精油，洗头前按摩头皮，每周 1 ～ 2 次，深层净化头皮，为后续清洁或滋养做好准备，提升头皮养护效果。

头皮按摩器：木质圆头，用来进行头顶的定点按摩不会有疼痛感，能有效疏通穴位，达到舒缓放松头皮的效果。

SECT. 造型更要照护

毛发的修护

发质的好坏、光泽度、柔顺度都会影响一个人的气色，所以头发的护理是非常重要的，有时只要 1 分钟甚至 30 秒，就可以让你拥有很好的发质。下面整理出发质受损的特征让大家可以以此做判断。

1. 受损发会……

(1) 干发时头发没有光泽。

(2) 摸起来触感硬硬的，很粗涩。

(3) 不容易梳开。

(4) 分叉。

(5) 头发的吸水力上升，保水力下降（洗完头很快就干，且干发时容易产生静电）。

2. 造成受损发的原因

(1) 过度的染烫。

(2) 常照射到紫外线。

(3) 不当摩擦。

(4) 干燥、高温的环境都会使头发毛鳞片受损，让头发养分流失而易断裂。

解决方法

1. 洗后一定要用润发乳（润丝）：洗发乳后一定要用润发乳，它的作用在于修补头发的最表面，就像脸部的第一道保养品，将张开的毛鳞片紧紧关好，在头发的表面形成保护膜，不让头发继续受伤。

2. 每周用护发膜（护发霜、护发素）：不要以为用了润发乳就不用再另行护理，其实发膜比润发乳更营养，就像每个人擦完化妆水后都会再使用保湿精华液或抗老乳霜等，头发也一样，护发膜就像头发的乳霜，分为保湿修护、深层修护、断裂发修护等，所含的营养成分比润发乳高出许多，能进入发丝更深层，达到由内而外滋润的效果。另外，基本上护发膜一星期使用一次，受损程度严重者一星期两次，每次停留 5 ～ 10 分钟。

3. 夜间免冲洗护发：晚上使用，可避免吹头发时的热伤害，也可让护发膜的营养成分锁住，粗硬发选乳液状免冲洗护发精华，细软发选液状的免冲洗发妆水。

4. 出门前的隔离精华：经常在户外会晒到太阳的人，选择有抗紫外线功效的免冲洗护发精华，能避免发丝没有光泽或分叉。

5. 保湿发妆水：经常待在办公室的人，选择保湿度高的发妆水，避免吹空调而造成的头发水分流失、发丝干燥。

6. 细发专用：头发非常细的人，选择有“弹性”或“强化”字眼的发品，可避免发丝太油腻而显得重且扁塌。

7. 粗发专用：头发非常粗的人，选择有“滋润”或“深层修护”字眼的发品，才不会让头发过于干燥而显得凌乱。

8. 慎选产品：大家都应该先了解自己的发质状况，看清楚商品上的标示后再购买。

TIPS

使用护发膜时，趁着浴室中有热气，让毛鳞片打开，抹上护发霜后，利用双手为头发做按摩，加快吸收速度，让营养成分也能完整渗透。

减少染烫的伤害

1. 两次染烫中间最少要间隔 3 ～ 4 个月，频率不要过高，也不要为了省时间而企图染烫一次解决，烫与染至少要间隔七天。

2. 准备染烫的前一个月，在家一定要先做护理，让头发拥有强韧度后，再进行染烫，这样能将伤害减到最低。如果是油性头皮，染烫前在家里护理时，不可用太滋润的护发霜，那会让卷度不易塑型，显色度不漂亮。如果是干性头皮，染烫前在家里护理时，选择深度保湿护发素，可在头发上形成一道保护膜。

3. 在 salon 染烫前，请设计师先帮你涂抹染烫前的护发素，减少发质受损，避免染烫后成型的头发因为发质差而不易维持。

4. 烫发后一定要选择卷发或烫后专用的洗发乳，维持并补充烫发时所流失的养分；染发也要选择染后专用洗发乳来维持光泽，减少色素的流失。

5. 药剂停留在头发上的时间不宜过久，染烫前记得要先跟设计师讨论自己目前的发质状况。

6. 慎选你信赖的 salon，有些 salon 会使用 pH 值过高的药水，对头发是很大的伤害，要确定店家的染烫药水有政府核发的卫生署字号才可以。

7. 染烫后的 10 ～ 15 天是护发的最佳时间。

8. 染烫完洗头不可用温度太高的水。

9. 家里应有两套洗润产品，一套深层保湿滋润产品，一套针对染烫的专用产品。

10. 我们会发现日本人经常染烫，头发却很有光泽与弹性，最主要的原因是他们非常注重头发护理，这样能大大减少染烫的伤害。

● 造型品的选择

造型品的分类有：定型液、摩丝、发蜡凝土、加强发根蓬松专用、头发打光板（增加光泽）、头发的化妆水（发妆水）。

选择造型产品的重点：塑型能力、黏稠度、油脂含量、持久度、强硬度。

1. 定型液：可整头使用，维持时间较长，不管刮发、绑马尾、晚宴头都可用，且定型液的强度有强中弱之分，可依照自己的爱好来选择。

2. 摩丝：分为强中弱，判断的方法是先将摩丝挤在手掌上，泡沫越浓，越不易散开，绵密性高，表示定型效果越好；摩丝不只用于塑型卷度，烫过很久、卷度已经不明显的人，可利用摩丝加烘罩，再次创造出完美卷度，而短发的人想要让头发有蓬度或微弯感，也能利用摩丝与烘罩完成；建议粗硬发的人选择中度或弱度摩丝，加强头发线条，创造出柔软具有空气感的卷度，细软发的人则可选择强一点的摩丝，加强头发的波纹感，并创造头发的丰盈度。

3. 发蜡：用来打造头发的层次感，可再细分为轻度发蜡（凝露状、乳状）、中度发蜡（乳状）、重度发蜡（硬的膏状、凝土状）。

A. 轻度发蜡：

质地轻不黏腻，油脂含量少，不会造成头发的负担，具有水感，适用于发尾加强线条。

B. 中度发蜡：

黏度轻微，可塑造出空气感，使卷度更立体，局部使用在发尾创造弧度，还可用来固定刘海。

C. 重度发蜡：

挖取时会有黏腻感，油脂含量高，质地硬，有点像黏土，外观看起来是咖啡色或灰色，抹于头发上会有雾面感，较适合男生或短发女生使用。

4. 加强发根蓬松专用：包含蓬蓬水、蓬蓬霜、蓬蓬胶、蓬蓬粉、丰厚霜等，适用于各种发质。造型前使用可支撑头发根部，或让头发少的人立刻增加厚度，蓬蓬霜与丰厚霜都是乳液状，吹干后头发会立即出现丰厚度，但蓬蓬霜有一点油，丰厚霜的质地比较轻盈；蓬蓬水、蓬蓬粉则没有油，能做基本的支撑并创造出松软发型；蓬蓬胶算是轻度发胶，可加强发根硬度，很适合夹玉米须的人先喷再夹，支撑效果更好。

5. 头发打光板（增加光泽）：有喷雾与油状两种，含有丰富的维他命 B5，能在头发上创造出绝美光泽感，适用于中干性发、重度受损发以及粗硬发。

6. 头发的化妆水：属于急救类的保养造型产品，含有高浓度的玻尿酸，在洗完头、吹发前、起床后、头发毛糙时，都可使用，除了补充发丝水分，还可利用喷湿重新吹整出柔顺的头发，这时再上电卷棒或发蜡等，发型会更完美。

吹整前的保养

想要有完美的发型，吹整前的保养是不可少的，这样不仅可呈现完美发型，还可让发型更持久，但不管使用哪一种产品，都会有热伤害的存在，因此如何正确地保养头发，是完美发型的关键之一。

1. 吹风机：很多人常问我："头发到底要不要吹干？"首先必须要有一个观念，吹风机不只吹干头发，还可吹出光泽柔顺的秀发，因为头发的成型就在湿变干的这段时间，吹风前用抗热产品均匀涂抹发丝，如发妆水、保湿精华等，先在头发上形成薄薄的保护膜，吹风机的热风可以帮助头发吸收抗热产品中的营养成分。如果你真的是懒人一族，起码要将头皮全部吹干，头发吹到七八分干。

2. 电卷棒：直接接触头发的高温工具，上电棒前可选用写有"弹性、弹力、加强卷度、曲线维持、电棒专用、抗热"等字眼的产品，先涂抹于发丝上再上电卷棒，因为有时候上电卷棒时会卡住头发，这时候如果头发上没有保护膜，就容易打结断掉，或让头发更加毛糙。要特别提醒大家的是，要看清楚产品标示，如写"湿发时"是帮助形成保护膜，帮助避免热伤害，将护发素锁在头发里，"干发时"就是可在上电卷棒前使用的。

3. 平板夹：跟电卷棒一样的道理，上板夹前都要先做头发隔离，挑选的商品必须是直发专用，才能维持一整天的亮丽与光泽，建议粗发选乳液状，细发就可选水状或不稠的免冲洗护发乳、凝露。提醒使用板夹的温度在 100 ～ 150℃之间就好。

TIPS

1. 使用乳液状产品，先将头发分层，将免冲洗护发素挤在手掌上，画圈搓揉后，轻轻抹在发尾上再造型。

2. 用电卷棒或平板夹时，抹上乳液状护发素或是喷上发妆水后，头发会微湿，这时先用吹风机吹干，不然会因水分或油分残留，产生蒸气而烫到自己的皮肤。

3. 使用水状产品时先将头发分 2 ～ 3 层，距离头发 5 ～ 10 厘米，由上往下顺顺地喷，接着再用大宽梳顺过，不可用密梳，会把喷在头发上的精华刮掉，梳顺后再夹平板夹就能避免头发打结拉扯。

● 吹发前的重点

洗完头发要避免用毛巾摩擦头发，只能用轻轻按压的方式。吹发之前头发一定要分层，依自己的发量分 2 ～ 3 层，另外购买吹风机时要选温度在 60℃～ 100℃间、瓦数不要太大的产品，超过 2000 瓦不建议使用，高瓦数的都是专业设计师在用，很讲究技巧，普通消费者很容易操作不当。

● 造型发的清护

造型品就跟化妆品一样，用过之后需要卸妆，以免造成头皮负担，且造型品若不洗干净，头发会不蓬松，严重的还会导致头皮红肿、毛囊阻塞！如果你的头发上有很多造型品，请务必遵守以下基本程序：

TIPS

Step1：先用润发乳软化去除造型品。

Step2：第一次洗发。

Step3：第二次洗发。

Step4：发尾涂抹高保湿的深层护发膜。

▶ 解决方法

定型液

1. 定型液会在头发上残留白色碎屑，可用润发乳加温水，先软化定型液。

2. 染发用的双氧乳涂在有白色碎屑的位置 5 分钟后，再用密梳梳掉。

3. 利用醋与天然洗碗精（洗碗精的清洁力高过于洗发乳）以 1∶1 的比例混合后，涂在头发上，再用密梳梳掉，接着再冲水，最后再进行洗发步骤。

4. 利用苏打粉与天然洗碗精以 2∶1 的比例调成膏状，敷在头发上 2 ～ 5 分钟，再用温水冲掉。

凝土类发蜡

1. 用密梳梳掉。

2. 将新鲜的柠檬汁放在头发上 5 ～ 10 分钟后，不用冲水，直接进行洗发步骤。

3. 将擦手纸或面纸剪成小块，将头发分小区，放在沾有发蜡的发丝下面，用吹风机吹，利用热风将油脂融到面纸上，再用温水冲湿头发，软化残留的发蜡，最后用护发乳涂抹头发，冲洗掉后，再进行洗发步骤。

定期修剪头发

以为不剪头发，头发就会长得很长吗？大错特错！事实上定期修剪能让你的头发长得快又健康，因为从发根算起的 10 ～ 15 厘米内，营养靠人体提供，剩下的发尾部分都是靠外来的保养提供发丝需要的水分、蛋白质与氨基酸等，如果不修剪，一开始只会觉得发尾有分叉，长期下来会发现头发上的细毛越来越多，这是因为发尾的分叉越分越靠上，因此最好 3 ～ 4 个月去修剪一次头发，就算剪 1 厘米也好！

修剪头发后，可自己利用护发膜进行深层护理，或去 salon 做专业护发，帮助头发快速吸收养分，因为最有效的护发时机就是刚剪完头发时，就像脸部去完角质立刻擦保养品能即时吸收一样！

SECT. 一般洗润护理

洗发不只是清洁发丝，搭配按摩与洗发产品散发的清香，还能将一整天的压力带走，特别提醒大家洗、润要分开，就像洗完脸一定要用乳液保养肌肤一样，缺一不可。

洗发、润发基础篇

step1
取适量的洗发乳：不管短发还是长发，每次取一元硬币大小分量的洗发乳，搓揉起泡后开始洗发。

step2
以 Z 字型洗发：手指以 Z 字型轻按摩，从头顶到后脑勺，再从头顶到两侧。

step3
手指腹定点按压：以手指腹轻轻按压头顶发际线处 3～5 下。

step4
手指腹顺滑到头顶：定点按压完毕后，手指腹轻轻顺滑到头顶，有拉提头皮的效果。

step5
手关节定点按压：将两手握拳，以第二关节处按压头顶 3～5 下。

1 多芬 轻润保湿洗发乳：添加植物成分，含椰子、杏仁、向日葵籽精华，这些都能修补头发，给予发丝满满的养分。

2 多芬 轻润保湿润发乳：锁住滋润成分并抚平毛糙发丝，受损的头发使用后摸起来滑顺健康。

step6

手关节往后顺下：定点按压完毕后，手继续握拳从第二关节往后顺下到颈部，解除压力达到舒缓效果。

step7

冲水：彻底清洁发丝上的泡沫，不要让洗发乳残留在头发上。

step8

取适量润发乳：细发约一元硬币的量，粗发则2～3倍的量。

step9

轻压头发抹润发乳：将润发乳涂抹于头发后，握住头发由上往下按摩发丝，抚平毛糙。

step10

梳子先梳开发尾：利用大宽梳，从发尾开始一小段一小段地梳开纠结的头发。

step11

从头顶往后梳：接着从头顶往后梳开头发，再用温水冲洗干净。

NG!

不可平贴头发！

宽梳要与头发呈垂直状，不可平贴着头发，不然会把发丝上的润丝都刮走，那样就没有效果了！

1 多芬轻润保湿发膜：适合较严重毛糙发质使用，深度滋养头发，柔软发丝。

2 多芬轻润保湿滋润乳：适合轻微毛糙发质使用，增强发丝柔顺度并改善毛糙。

● 护发基础篇

毛糙发要选择不同质地的护发产品，轻微毛糙选择滋润乳，较严重毛糙则使用发膜，每次护发等待时间为 3 ～ 5 分钟。

step1

大宽梳梳开发丝：先利用大宽梳从头顶往后梳开发丝。

step2

头发分层：将头发平均分为上中下三层，建议发量多的人分三层，发量少的分两层。

step3

取适量护发霜：用手指挖取护发霜，每层约 2 个一元硬币大小的分量。

step4

护发霜涂抹兼按摩：距离头皮 5 ～ 10 厘米开始涂抹上护发霜，接着以大拇指轻轻按压并画小圈圈按摩头发，让护发成分更快速渗透发丝。

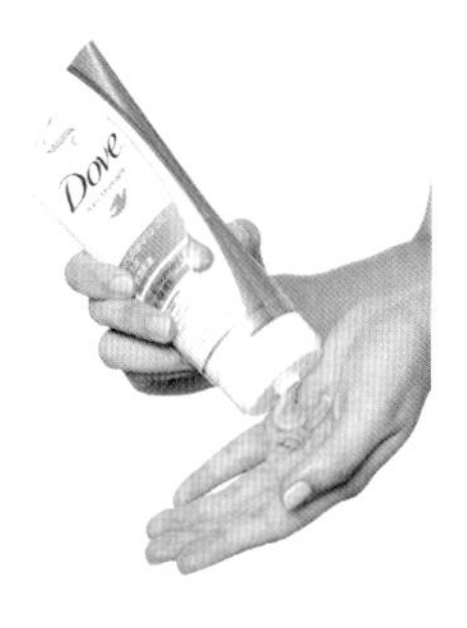

Point!

如果头发轻微毛糙，则使用乳状护发产品。

Plus!

护发霜的小妙用！

每次洗完头上润发乳前，头发会纠结得很严重，这时只要用一点点护发霜涂抹在大宽梳上，由发尾开始慢慢梳开发丝，就可以避免分区时将头发扯断。

多芬 轻润保湿保湿精华：免冲洗的高效保湿精油，含椰子、杏仁等精华成分，具有高度渗透力，瞬间恢复发丝光彩。

Plus！出门前的快速护理

早上出门前头发总是乱翘或毛糙，这时善用具有保湿度的免冲洗护发精华，利用“上伸下扣”轻轻一抹，抚平发丝的毛糙感，锁住头发水分，避免阳光或冷气让发丝更加干燥。

step1

取少量护发精华：按压两次量的护发精华在手上。

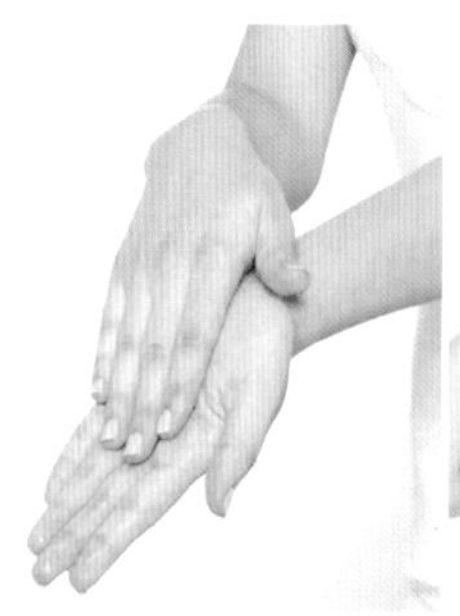

step2

双手相互搓揉：两手相互搓揉，让护发精华均匀分布在手上。

step3

手指伸入发丝：五指张开地将手直接伸入发丝里，不可碰到头皮。

step4

手指往下扣住发丝：接着手指扣住发丝往下顺过，从两侧头发到后面的头发都重复步骤3与步骤4。

step5

分两束头发：最后将头发平均分成左右两束。

step6

往内扭转：将发束往内轻轻地扭转，可抚平发丝毛糙，让头发柔顺有型。

SECT. 深度洗润护理

洗发时千万不可胡乱搓揉，由上往下按摩头发可以让保养渗入发丝里层，同时带走头发上的脏污，达到深度清洁，接着润发可让头发有滋润度，滑顺头发表层，摸起来柔顺不纠结。

洗发、润发进阶篇

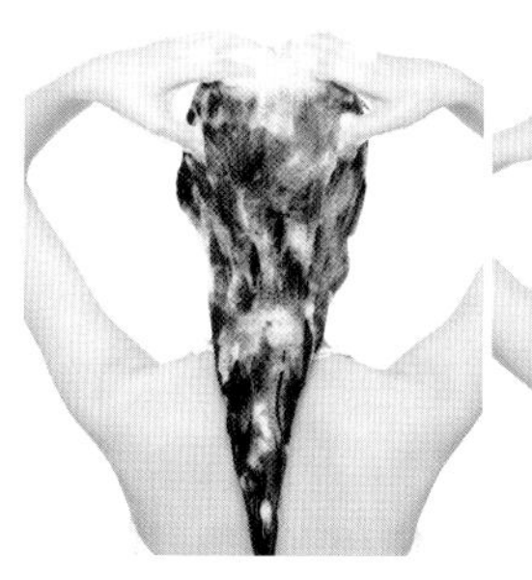

step1

以头顶为中心点：以头顶发旋处为中心点，五指张开放射状往下按摩头发。

step2

手指往两侧顺下来：先从中心点往两侧按摩头发，重复2～3次。

step3

手指再从正后方顺下来：接着从中心点往后脑勺按摩头发，重复2～3次。

step4

手指伸入发丝画Z字：将手指伸入头发里层画小Z字，垂直往下地按摩洗发。

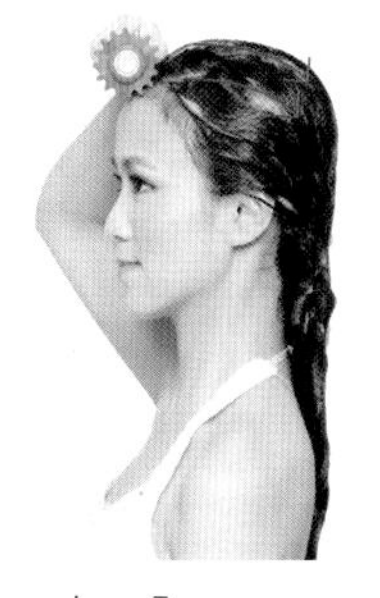

step5

从发际线开始：以发际线为起点，往后滚动按摩梳到头顶发旋处。

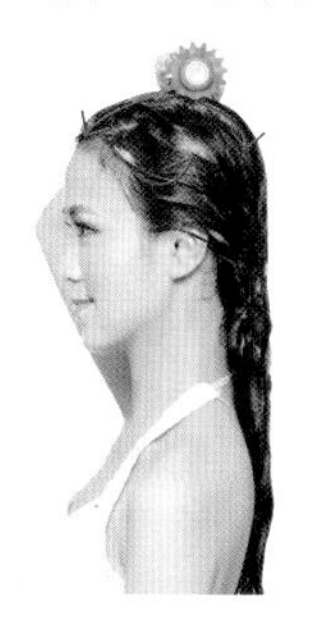

step6

头顶前后滚动：再从发旋处往前滚到发际线，来回滚动2～3次，再换两侧发际线前后滚到后脑勺。

step7

后方上下滚动：后脑勺同样来回上下滚动2～3次。

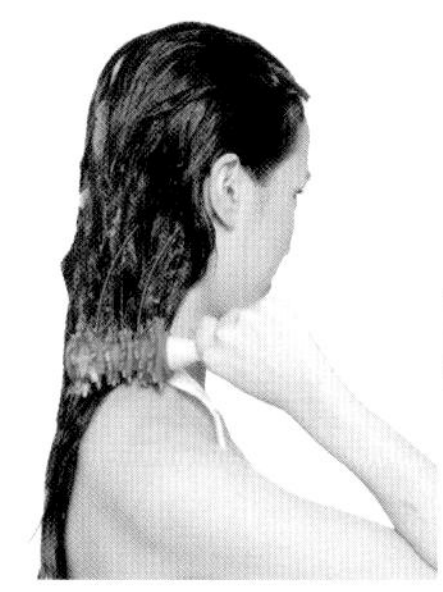

step8

将按摩梳滚到肩膀：最后将按摩梳滚动到肩膀处，中低外高的间距设计可以让颈部与肩膀的淋巴一起被按摩到，洗完头更加神清气爽。

step9

冲水：冲净洗发乳的泡沫，尤其耳后与发际线等容易忽略的部位记得加强冲洗。

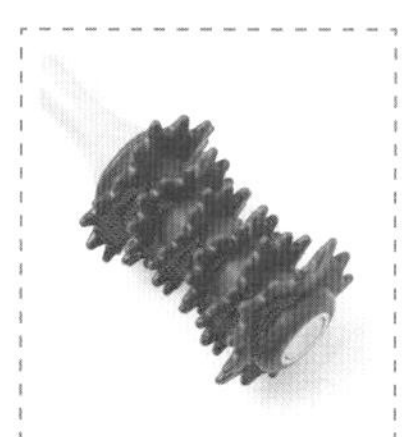

Tip!

搭配头皮按摩梳：搭配间距中低外高的头皮按摩梳，活络舒缓头皮。

护发进阶篇

如果头发受损严重、发质粗硬或者染烫过，建议可以自制精油护发霜，油类产品含有丰富的维他命 E，可以强化一般护发霜的效果，加强修补作用，让发丝更加柔顺有光泽。

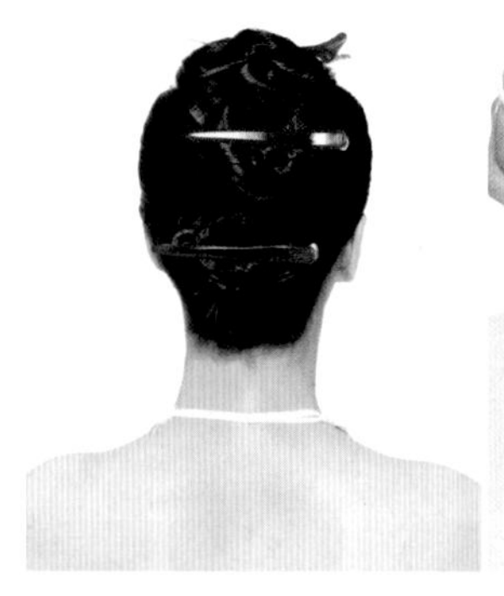

step1

头发分三层：将头发平均分为上中下三层，目的是让每一层都可以吸收到护发霜的营养成分。

step2

护发胶囊加护发霜：将护发精油胶囊加入一般的护发霜里，搅拌均匀；也可用一般市售的护发油或橄榄油，每次 3～5 滴，但不可用婴儿油。

step3

搭配头发按摩梳：涂抹上自制精油护发霜后，利用专门按摩头发的梳子从上往下梳，抚平毛糙的发丝。

step4

扭转头发：将头发扭转，能加强精油护发霜深入发丝。

step5

戴上铝制浴帽：头发全部抹完护发霜后用夹子夹起，戴上铝制的浴帽，快速产生温热感，加强保养成分的渗透，也可以用锡箔纸包住头发。

Tip!

可烘干型加热帽：专业的加热帽，戴上后可用吹风机将热气送进去，利用自热循环的原理，瞬间就能达到极佳的护发效果。

Plus! 吹整前的护理

吹发前记得先将头发用毛巾压干，抹上抗热产品，做好打底的准备工作后再开始吹整头发，吹到八分干后再搭配梳子与双手拉顺头发。

step1

使用抗热产品：每个人选择的抗热产品都不同，建议粗硬发选乳液状，细软发选水状（喷雾式），长期待在冷气房者选高保湿款，户外活动多者选能抗 UV 款，刚染发者选择染后专用款。

step2

两手相互搓揉：将少量的抗热产品倒在手上，两手搓揉均匀。

step3

由上往下顺过：头发分两层，手指伸入发束中，将抗热产品由上往下顺着抹于头发上。

step4

搭配梳子吹顺：吹风机距离头皮10～15厘米，搭配梳子边吹边拉顺头发。

step5

边扭转发束边吹：将头发往内扭转后，用吹风机吹，再放开，头发就会有自然的弧度，不会乱翘。

SECT. 洗润护推荐产品

特别严选大家可以买到，且针对不同发质与不同状况推荐的好用品，绝对都是你可以放心使用的。

Christophe Robin
丰亮变色染植物发膜
哪里买：专柜
推荐原因：染发后专用发膜，可提升发丝色泽，甘草萃取，可达到深度护发。

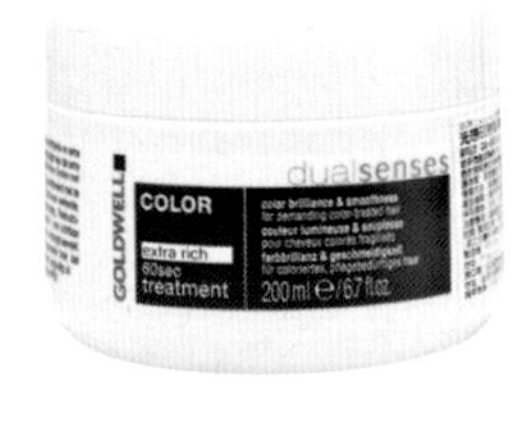

Goldwell
光感 60 秒发膜
哪里买：salon
推荐原因：只需 60 秒就能达到深层滋润，是懒人的好帮手！还有淡淡的果香，发丝香味超清新！

沙宣 极致亮泽
修护发膜
哪里买：开架
推荐原因：即使是受损发丝也能深层滋润保养发丝，从发根到发梢都再现亮丽光泽充满质感。

Rene Furterer
末药丝滑修复乳
哪里买：salon
推荐原因：免冲洗，洗完头吹风前或早晨上电卷棒前涂抹，能隔绝热伤害，防止头发毛糙。

AROMASE
维他命米蛋白
氨基酸护发素
哪里买：开架
推荐原因：微酸性，有维他命可让发质更健康，还有氨基酸加强头发的保湿，给予发丝水分及养分的平衡。

Christophe Robin
柠檬护色头发洁净霜
哪里买：专柜
推荐原因：减少染发后的颜色流失，不含任何清洁剂成分，无泡沫，是针对染后受损发质的洗发乳中质地、成分最温和的。

AVEDA
缤亮防损液
哪里买：专柜
推荐原因：抗热，吹风前用，保护头发避免电棒及户外阳光紫外线的伤害。

KÉRASTASE
静夜赋活凝乳
哪里买：salon
推荐原因：睡觉前可以使用的头发精华液，让丰富的营养成分在夜间不断地渗入发丝进行深度保养。

Dr`s Formula
发根强化
洗发精
哪里买：开架
推荐原因：针对容易断发的人推出，加强发根的强韧度，避免梳发或绑发时拉扯的断裂。

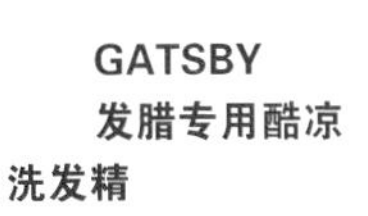

KÉRASTASE
新龄享发发膜
哪里买：salon
推荐原因：针对熟龄者容易断发、头发干涩等问题推出的护发膜，保湿头皮，孕育出青春健康的发丝。

GATSBY
发腊专用酷凉洗发精
哪里买：开架
推荐原因：强力洗净造型品的残留，薄荷配方，洗起来超清凉，还有舒缓头皮的效果。

WELLA SP
头皮纯净养护膜
哪里买：salon
推荐原因：去头皮屑专用款，除了深层护发外，还能调理净化头皮，一举两用！

MOLTON BROWN
紫罗兰
柔美护理发彩

哪里买：专柜

推荐原因：干发时用的护发产品，涂抹于发丝后立刻给予水润光泽感。

沙宣
日本钻漾深层
滋润洗发乳

哪里买：开架

推荐原因：提供绝佳的滋润保湿，就算是毛糙分叉的发质也能慢慢恢复丝滑柔顺。

MOROCCANOIL
摩洛哥优油

哪里买：salon

推荐原因：只要随手均匀少量涂抹在头发上，就能立即改善头发的外观与触感，展现柔顺与光泽。

L'ORÉAL PROFESSIONNEL
柔缎饰底乳

推荐原因：适合中偏粗发质，在吹风前使用，可抵抗热伤害并呈现柔顺质感。

省钱我最大
修剪DIY

PERFECT
HAIRSTYLE

SECT. 修剪工具

修剪工具虽然只有简单的三样，学问可不少！应如何选购？每一种工具又该如何正确使用，才能让自己在家 DIY 修剪时充分发挥工具的最大效果，达到轻松变美丽又省钱的目的？

剪刀

剪刀不要太大，约 5 英寸半最适合 DIY，且尖头的容易刺到自己，要尽量避免。

剪刀使用法

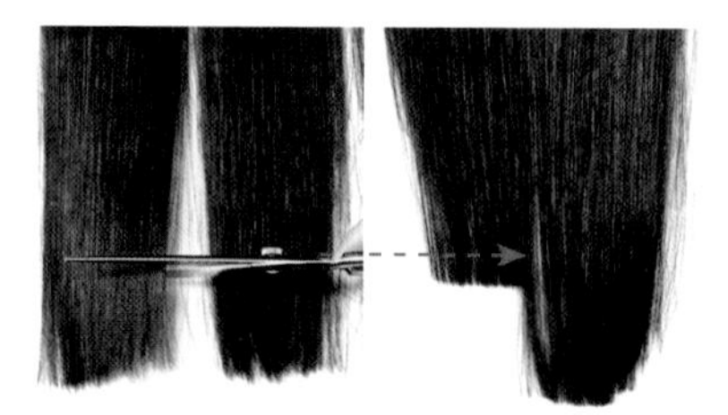

剪刀平拿剪→整齐的一条线。

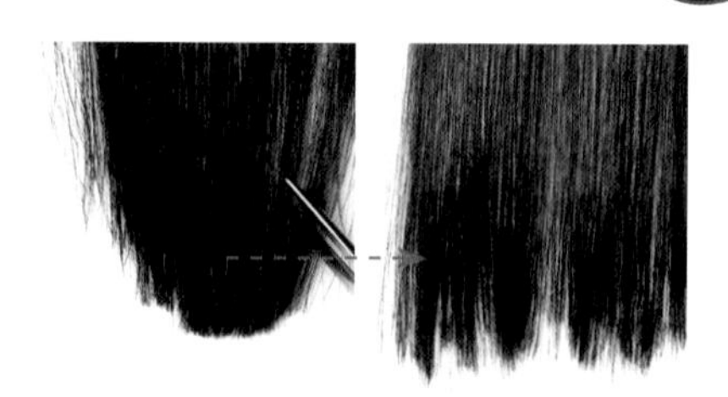

剪刀斜 45 度剪→头发的层次明显。

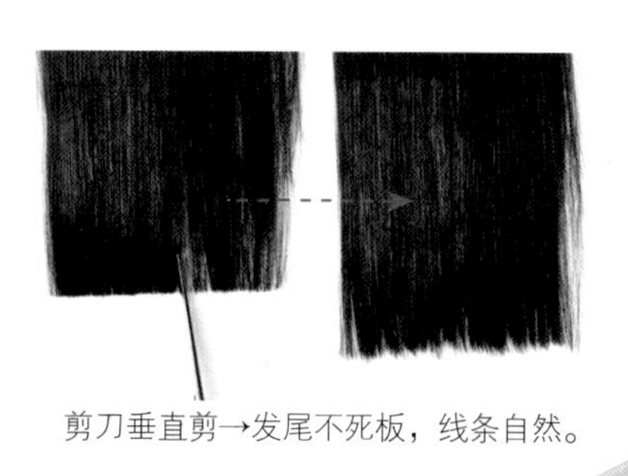

剪刀垂直剪→发尾不死板，线条自然。

削刀

选择可以自行调节刻度深浅的双面用削刀，能修饰僵硬的头发线条，创造轻盈感。

削刀使用法

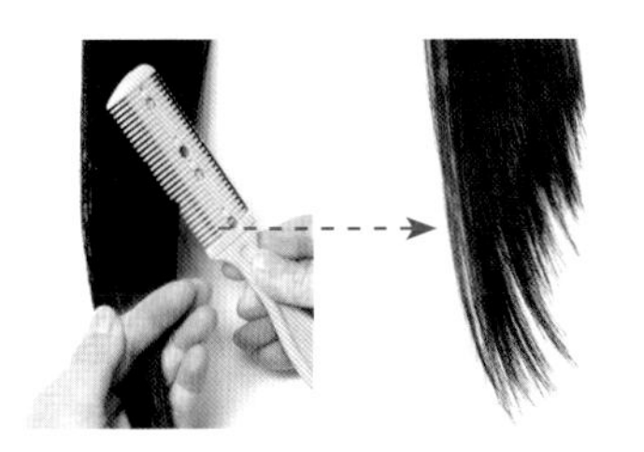

刻度深的削刀与头发呈 30 度角，拿削刀的手呈 45 度斜拿，顺顺地往下修→头发的层次会非常明显。

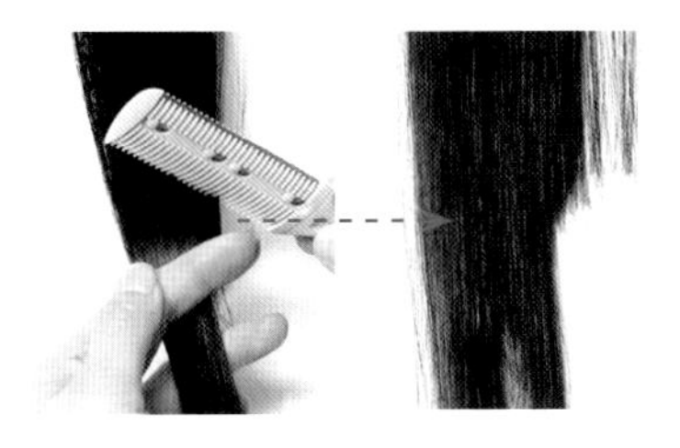

NG!

刻度深的削刀与头发呈直角→头发被切掉一大块。

削刀局部刘海发尾打薄法

刻度浅的削刀与头发呈 30 度角，拿削刀的手平拿→发尾轻盈，比打薄刀再自然一点！

削刀单束层次打薄法

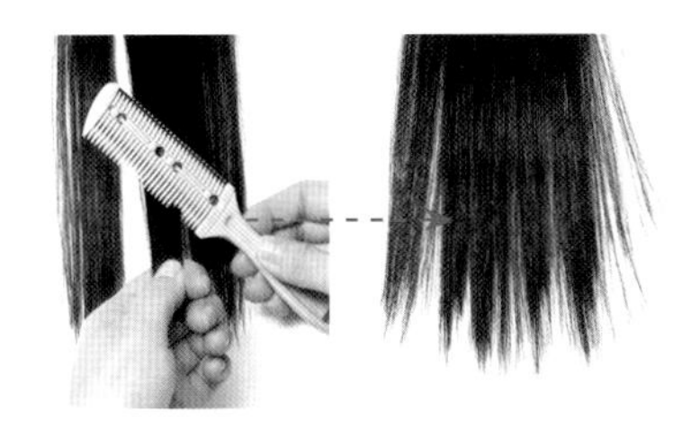

挑小束头发（隔束削）以刻度深的削刀与头发呈 30 度角，拿削刀的手 30 ~ 45 度斜拿→呈现大弧度将头发厚度修掉，层次明显，发尾更轻盈。

细间距打薄刀

市面上最常见的打薄刀，用来修剪发尾减轻厚度，创造自然不僵硬的弧形。

宽间距打薄刀

间距较宽的打薄刀建议用来修发尾，层次会比细间距的更明显。

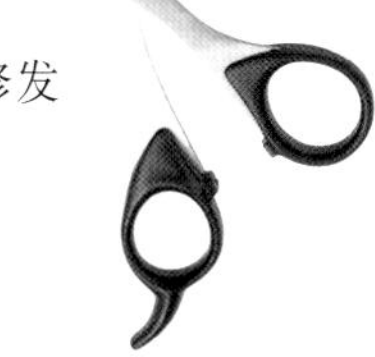

打薄刀使用法

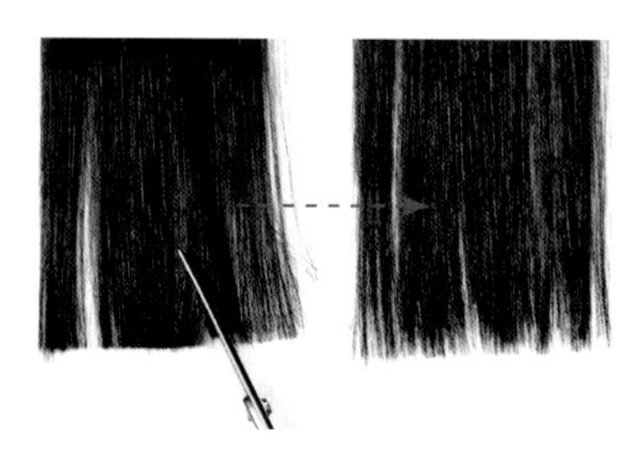

细间距打薄刀斜 45 度修剪（剪的时候要将打薄刀上下微微移动，不可定点一直剪）→发尾薄有轻盈感。

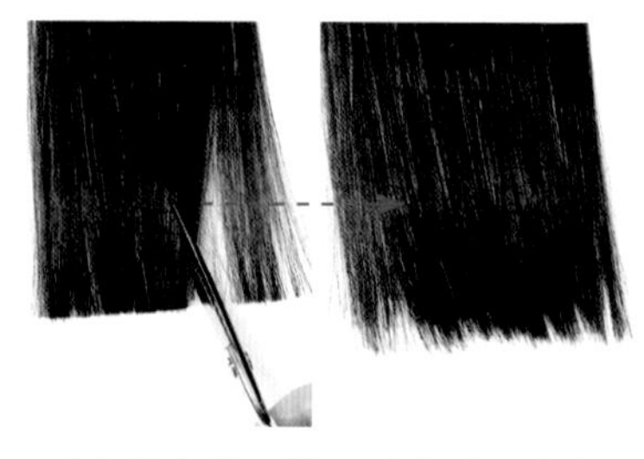

宽间距打薄刀斜 45 度修剪→减少发尾厚度且有自然的层次。

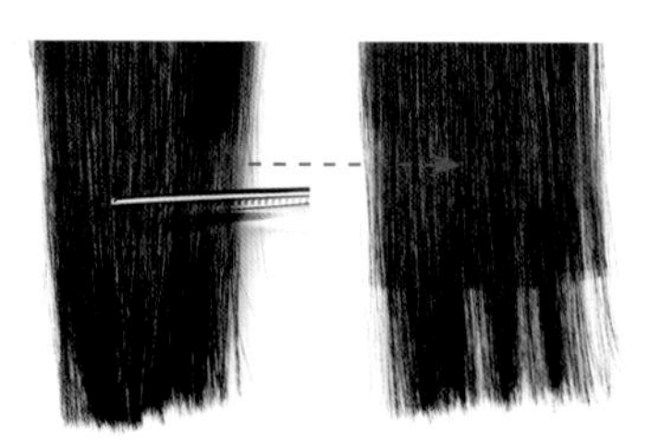

NG!

细间距打薄刀平拿修剪→头发变为明显的两层。

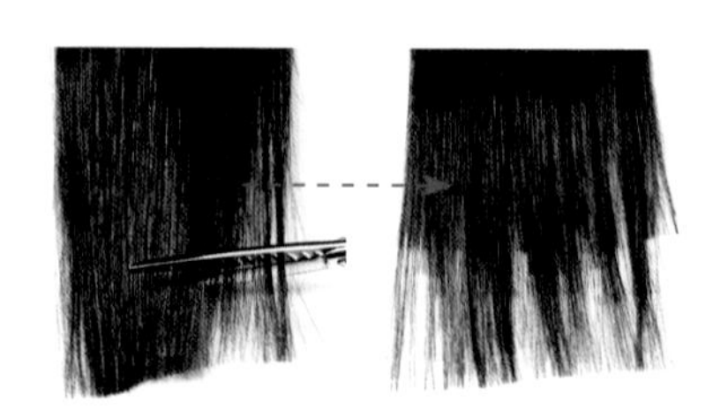

NG!

宽间距打薄刀平拿修剪→头发两层，发丝线条非常僵硬。

打薄刀单束扭转打薄法

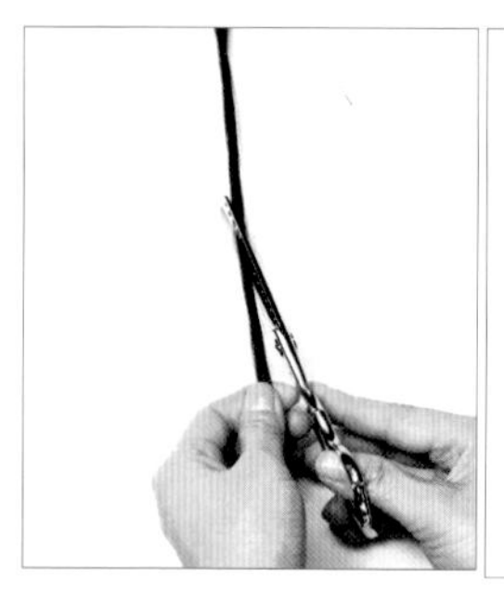

发丝扭转后用细间距打薄刀斜 45 度修剪→发束比较分散，束感更明显，会让发丝摆动时更有律动感。

SECT. 各式修剪工具基本功

三种基本修剪工具在修剪不同位置时，拿取的方式各不相同，而下手的第一刀更是成功与否的关键，关于修剪工具的基本功你一定要学会！

剪刀

齐刘海

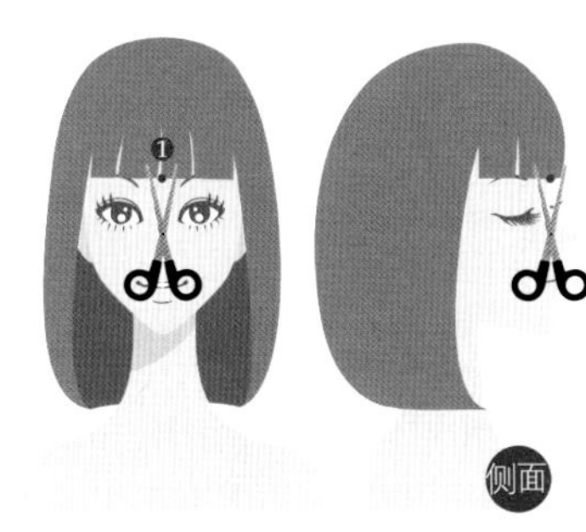

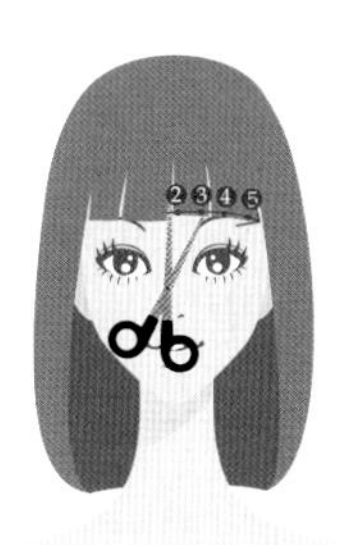

step1

修剪齐刘海时，先使用剪刀，剪刀的方向要与头发平行，从两边眉头的正中央剪下第一刀，这是为了先做出刘海长度的基准。

step2

第一刀剪下后，剪刀转为微微斜拿，慢慢往一边眉尾修剪出半弧形，每次下刀的位置都要渐次降低，眉尾位置的刘海要盖住眉毛，让眉头到眉尾的刘海线条略呈弧形，刘海才不会是僵硬的一直线。

step3

用同样的方式剪另一边刘海。

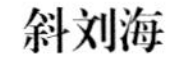

斜刘海

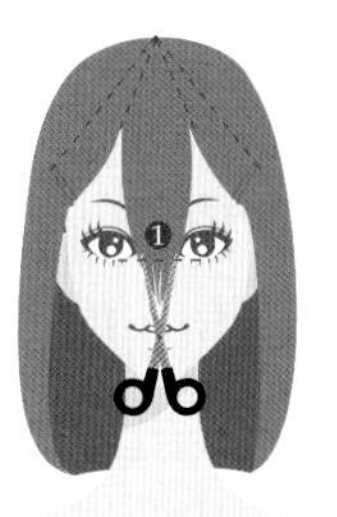

step1

用剪刀修剪斜刘海时，先将头发分三区，将中间那束头发放下，在眼下鼻梁正中央剪下第一刀，剪完后的长度大约在眼下位置。

step2

接着放下一边的头发，剪刀由上往下45度斜拿，先修左边，由上往下斜斜地修剪到耳朵位置。

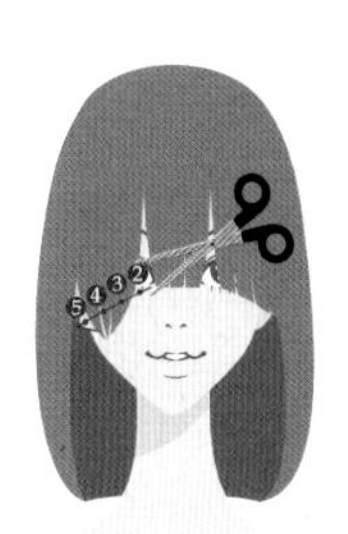

step3

用同样的方式剪另一边发束。

打薄刀

修剪刘海

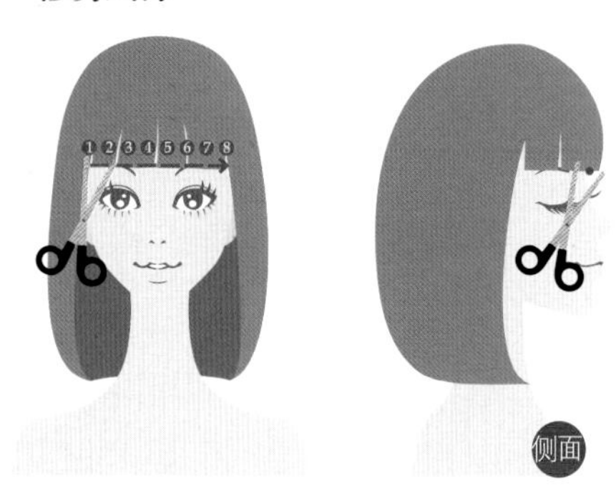

修剪刘海时，先用剪刀剪出想要的刘海长度，再使用打薄刀，约 80 度斜拿，从侧边开始将刘海发尾打薄，创造不着痕迹的自然效果。

修剪两侧

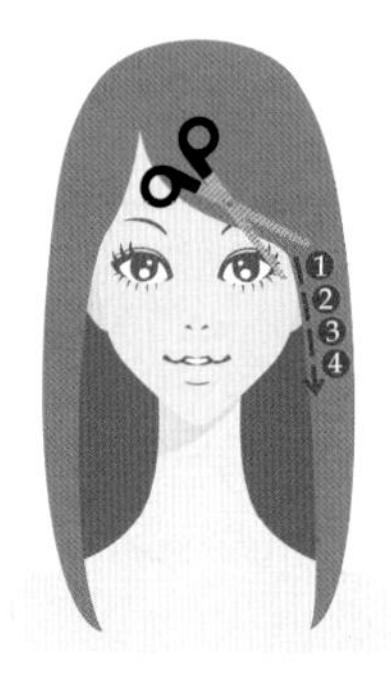

修剪两边层次时，在脸部最凸出的位置（一般都是颧骨），打薄刀由上往下 45 度斜拿，由上往下在两侧头发边缘轻剪，修饰僵硬的线条。

削刀

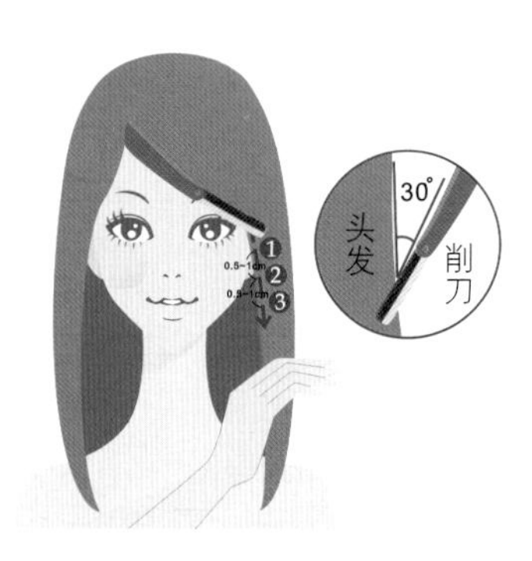

削刀要与头发呈 30 度斜拿，每次在 0.5～1 厘米的小范围往下修。

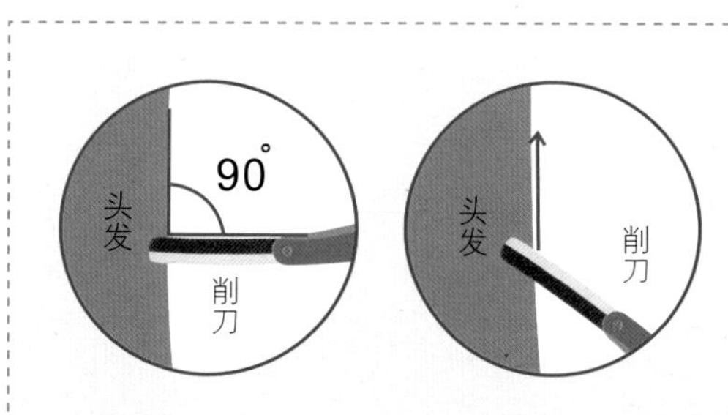

NG!

削刀不可跟头发呈直角，否则削出来会有明显的断层，也不可以逆向刮，这样会伤到头发，使得修完的头发更毛糙。

SECT. 刘海与脸型

如果你是标准的瓜子脸，恭喜你！基本上所有刘海都适合，其他脸型的人可依照以下建议来做修剪。

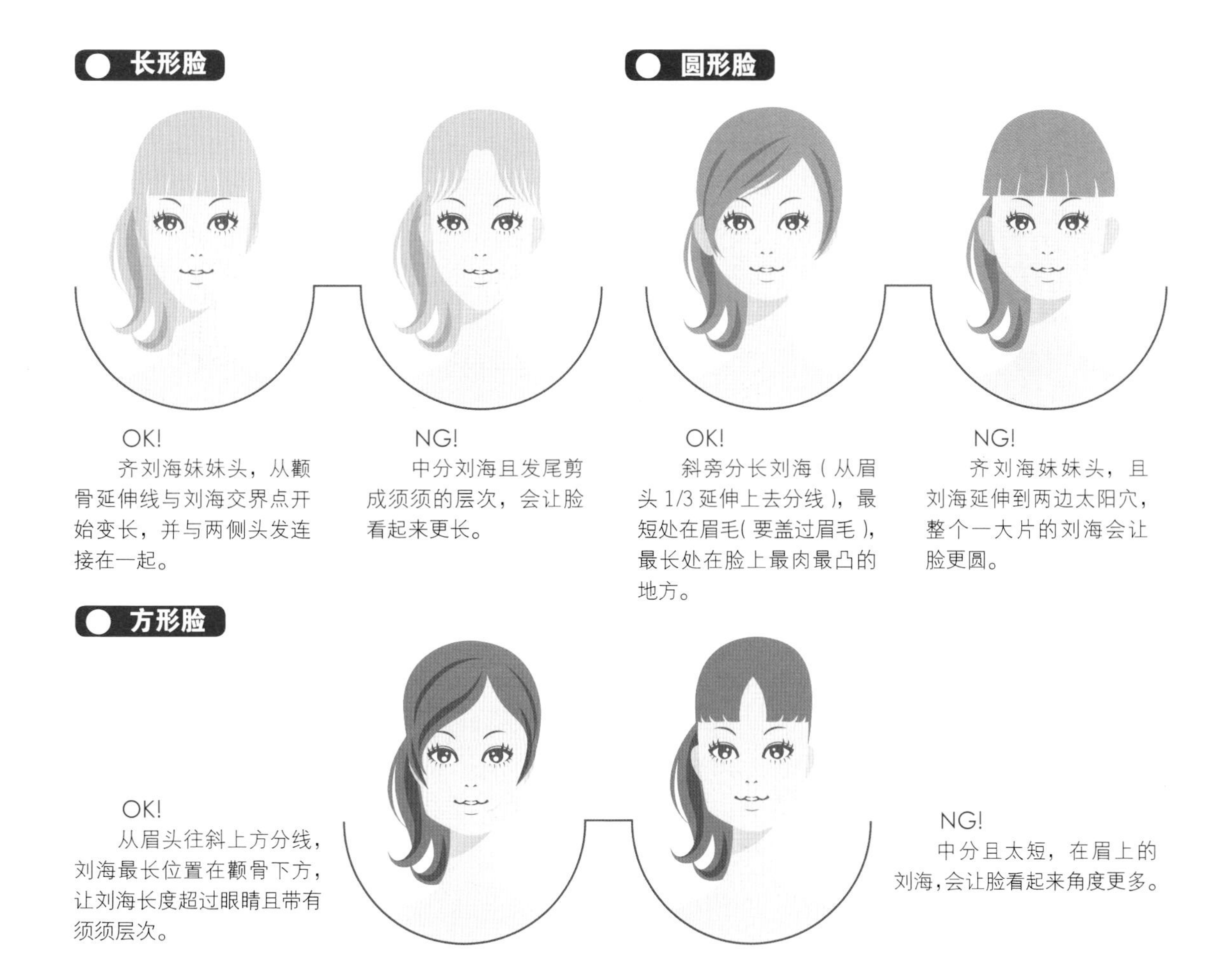

长形脸

OK!

齐刘海妹妹头，从颧骨延伸线与刘海交界点开始变长，并与两侧头发连接在一起。

NG!

中分刘海且发尾剪成须须的层次，会让脸看起来更长。

圆形脸

OK!

斜旁分长刘海（从眉头 1/3 延伸上去分线），最短处在眉毛（要盖过眉毛），最长处在脸上最肉最凸的地方。

NG!

齐刘海妹妹头，且刘海延伸到两边太阳穴，整个一大片的刘海会让脸更圆。

方形脸

OK!

从眉头往斜上方分线，刘海最长位置在颧骨下方，让刘海长度超过眼睛且带有须须层次。

NG!

中分且太短，在眉上的刘海，会让脸看起来角度更多。

倒三角脸

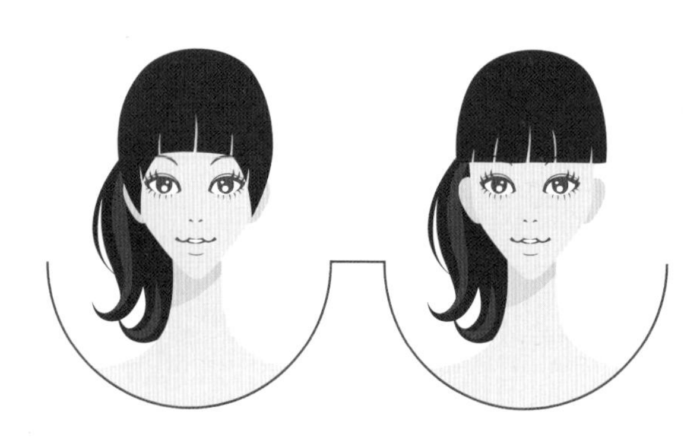

OK!

齐刘海，中间短，从眼尾往下变长，直到三角脸最宽处停止，创造上宽下窄的发型。

NG!

齐刘海妹妹头剪太宽，等于没有修饰，会让脸型凹的地方更凹，凸的地方更凸。

短下巴

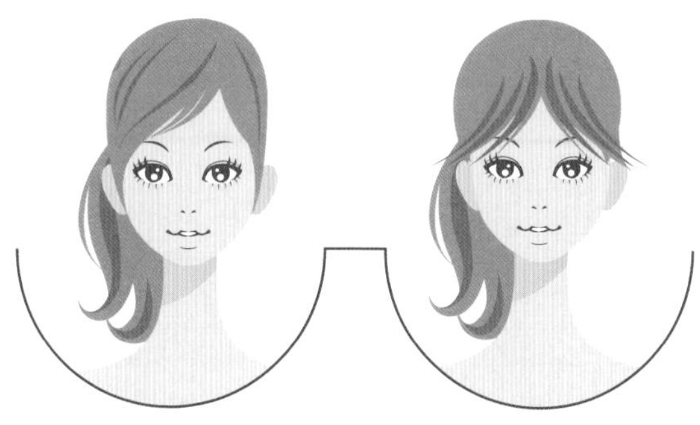

OK!

斜旁分长刘海，且是有层次地慢慢变长。

NG!

中分外飞刘海会让头顶看起来发量变少，让头显得扁，脸型也会扁，下巴看起来就更短。

高额头

OK!

厚的齐刘海妹妹头，长度到眉下约眼皮处，偶尔还可以拨到旁边创造不同形象。

NG!

没有刘海露出光光的额头！

刘海修剪与吹整

僵硬 8/2 分刘海→蓬松中分长刘海

正面脸型 & 头型

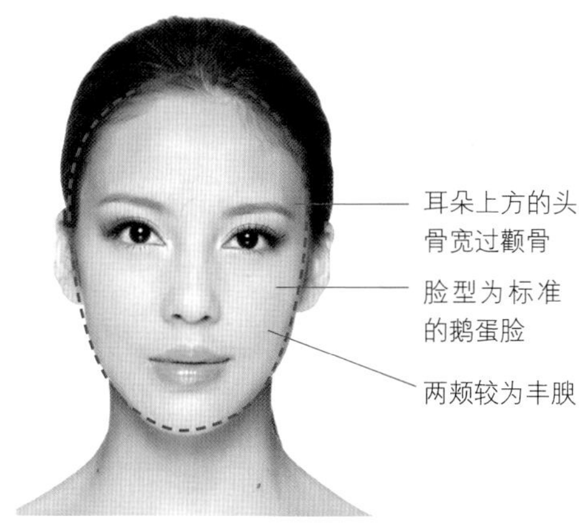

原本的正面发型

修剪后的发型

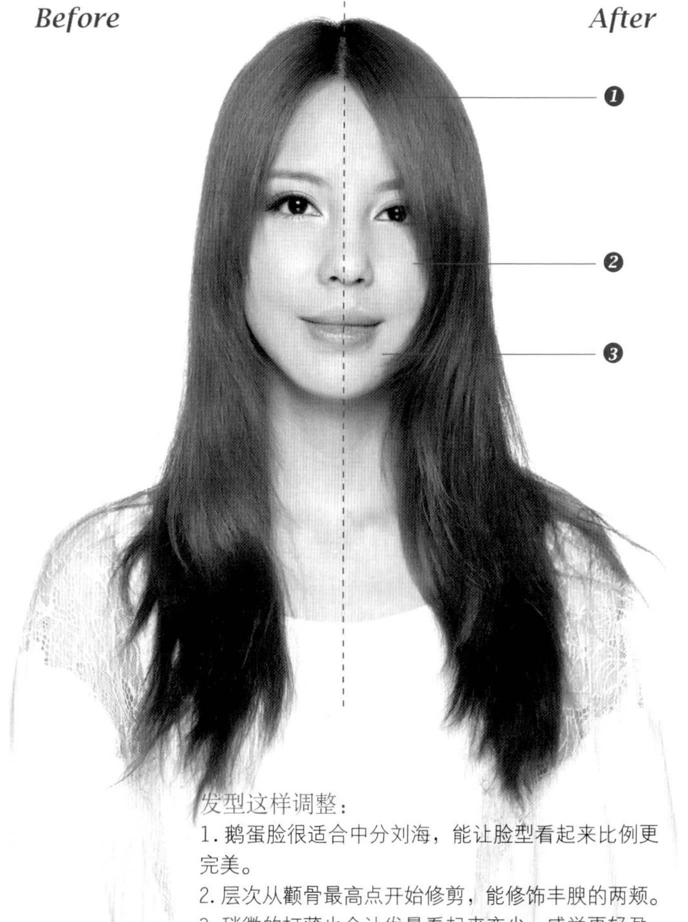

发型这样调整：

1. 鹅蛋脸很适合中分刘海，能让脸型看起来比例更完美。
2. 层次从颧骨最高点开始修剪，能修饰丰腴的两颊。
3. 稍微的打薄也会让发量看起来变少，感觉更轻盈。

SECT. 中分长刘海的修剪步骤

1. 一般长发的刘海最短处剪到鼻头上方 1 厘米，如果及腰的长发，刘海长度剪到鼻头，这样刘海长度跟发型长度比例才会对。

2. 使用削刀时不可拿直角，要斜斜地拿，削出来的弧线才自然。

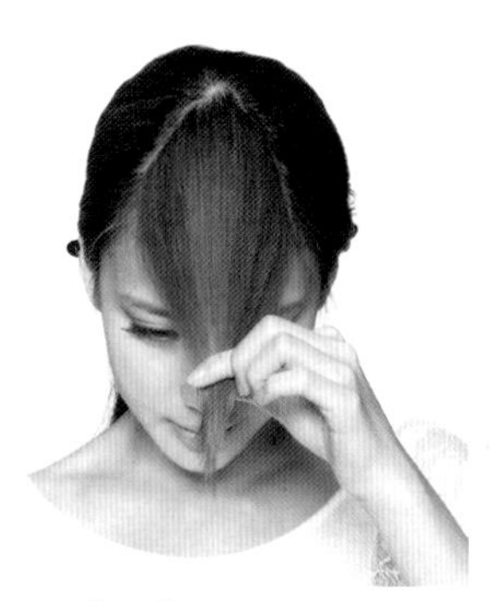

step1

分出刘海三角区：从两边耳朵顶端往上，眉尾延伸线的三角区为修剪刘海的区域。

step2

再分三束修剪：将三角区平均分为左、右、中间三束，从中间开始修剪，长度约到鼻头上方 1 厘米，中间长度最短，越往两边渐长。

step3

最上层头发扭转打薄：长度全部修完后，再将刘海上层的头发分成小束扭转，以打薄刀修掉僵硬的头发线条，发量少的人在发尾剪一下，发量多的人剪两下。

step4

削刀修出圆弧形：最后将头发中分，利用削刀从颧骨最高处顺顺地往下修，将修剪不整的地方修饰为漂亮的弧形。

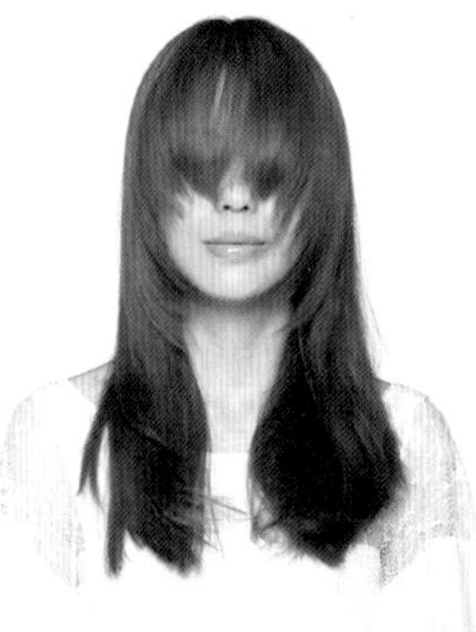

Point!

修剪完可以将刘海全部往前梳，确认自己是不是修成中间短、两边长的圆弧形。

SECT. 中分长刘海的吹整步骤

1. 使用布丁发卷时，想要卷度明显，每束的发量少一点，若想要微卷，每束发量就多一些。
2. 如果刘海很容易塌的话，可在刘海内层的发根处倒刮两下，就能撑起蓬松感。

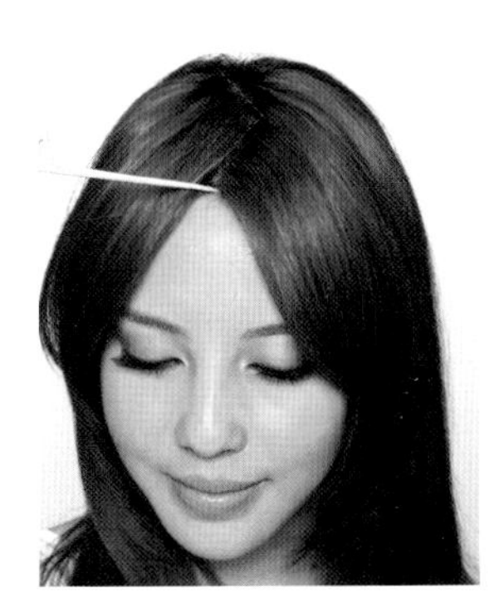

step1

Z字型分线：分线不要正中间一条直线，以Z字型分线。

step2

涂抹摩丝：上卷前在发丝上均匀地涂抹摩丝，先不要吹干。

step3

头发分束转圈套布丁发卷：头发分小束，从布丁发卷的中间套进后开始绕圈，将头发绕到底。

step4

到头顶交叉固定：将布丁发卷横拿往上转到头顶后，交叉固定等待20分钟后再放下。

Point!

扭转完的布丁发卷会是这个样子的！

step5

刘海根部用定型液加尖尾梳：将定型液喷在尖尾梳的尾端，伸入刘海的根部往上顶，让刘海的弧度不会往下塌。

“空气感刘海的制胜关键就在微波浪发丝！”

刘海修剪与吹整

扁塌黑长发→立体弧度斜长刘海

正面脸型 & 头型

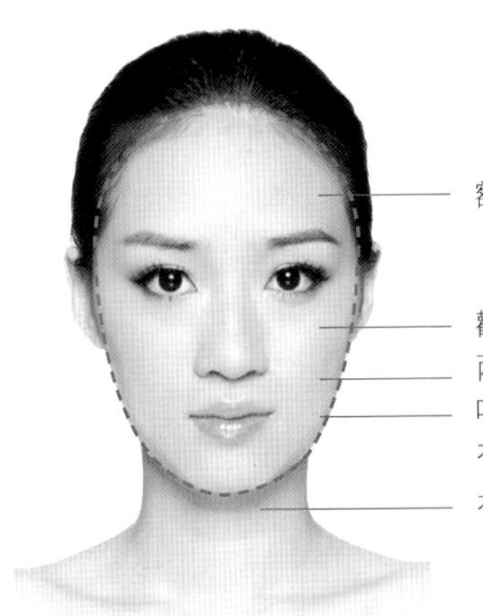

原本的正面发型

修剪后的发型

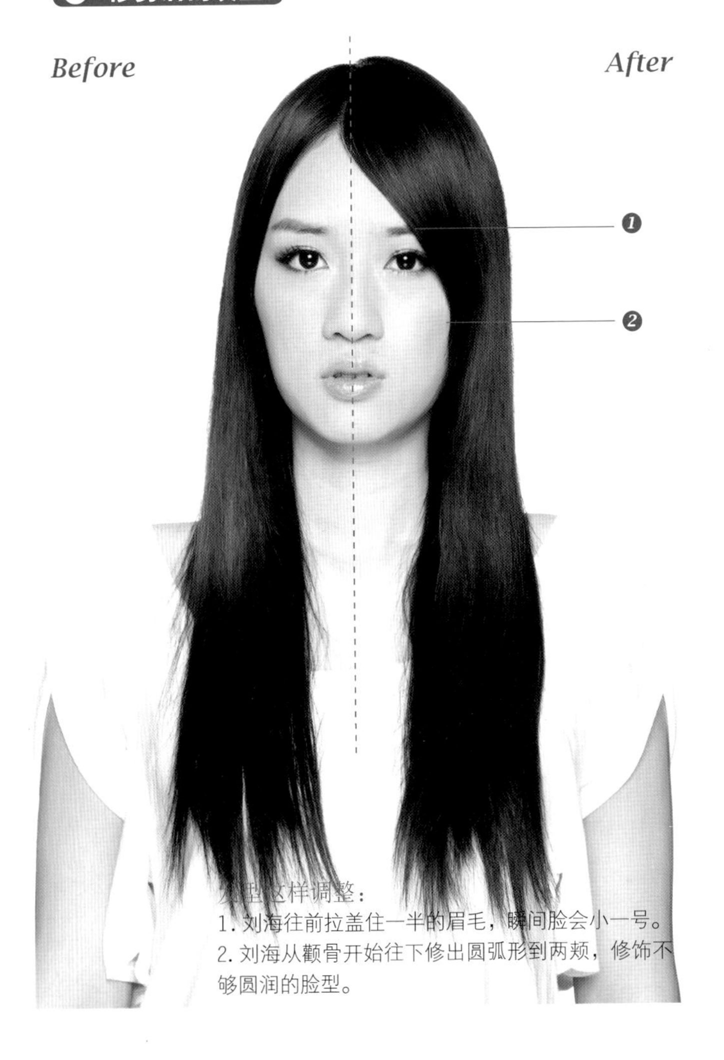

发型这样调整：

1. 刘海往前拉盖住一半的眉毛，瞬间脸会小一号。
2. 刘海从颧骨开始往下修出圆弧形到两颊，修饰不够圆润的脸型。

SECT. 斜长刘海的修剪步骤

1. 刘海分线一定要从后往前抓再分线，头型才会圆润不扁平。
2. 刘海不要太厚，利用削刀可以做出蓬松又轻盈的感觉。

step1

分出刘海三角区：两边耳朵顶端往上与眉尾的延伸线组成的三角区为修剪刘海的区域。

step2

平均分成三束：再将三角区头发平均分为三束。

step3

削刀削去中间长度：利用削刀先削去中间那束，长度约在脸颊笑肌最高点处。

step4

削两边长度：再削去左右两束头发的长度，长度约在鼻头上方1厘米。

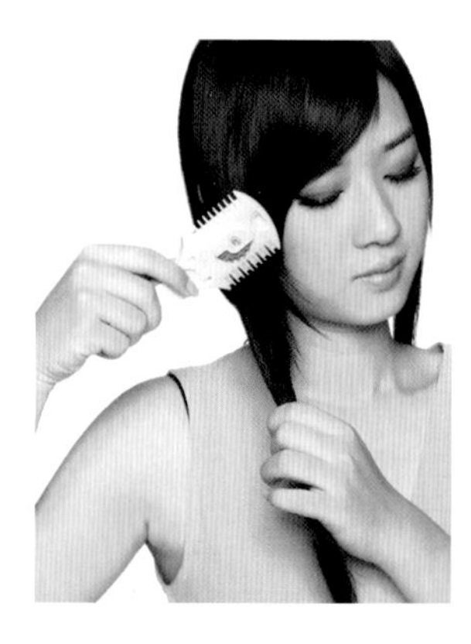

step5

颧骨旁用削刀修饰：将头发全部放下来，刘海侧分后，以削刀将刘海削出漂亮的弧形。

Point!

修成中间短两边长的形状！

SECT. 斜长刘海的吹整步骤

1. 刘海一定要先全部往前吹，再分区，两边刘海的平均度与蓬度才会漂亮，时间长了才不会有明显的分线。

2. 使用发蜡时要先在手上搓揉，温热后的发蜡可以加强塑型力。

step1

发根喷蓬蓬水：刘海发根处先喷上蓬蓬水，再用手指腹搓揉。

step2

搭配梳子吹顺：将圆梳放进刘海里，往前将头发吹顺。

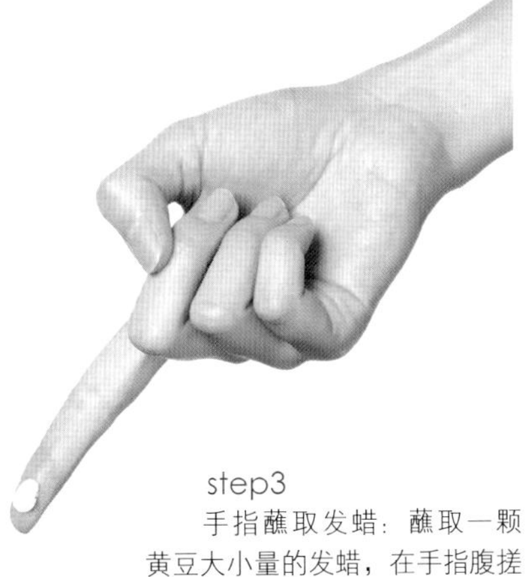

step3

手指蘸取发蜡：蘸取一颗黄豆大小量的发蜡，在手指腹搓揉均匀。

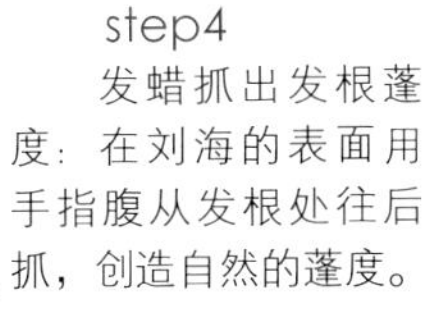

step4

发蜡抓出发根蓬度：在刘海的表面用手指腹从发根处往后抓，创造自然的蓬度。

step5

顺过刘海发尾：最后利用手上剩余的发蜡顺过刘海发尾，增加光泽即可。

“垂落两颊的刘海层次，恰当地修饰脸型！”

刘海修剪与吹整

无刘海菱形脸→青春小脸厚齐刘海

正面脸型 & 头型

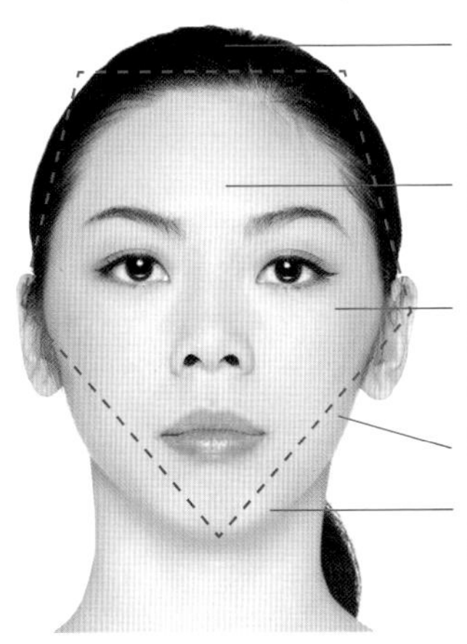

原本正面发型

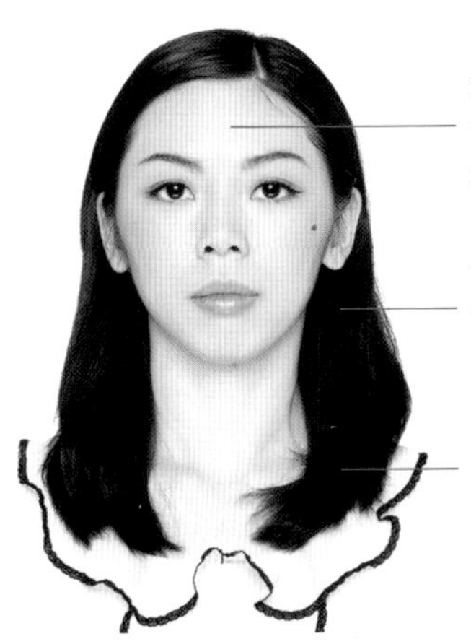

修剪后的发型

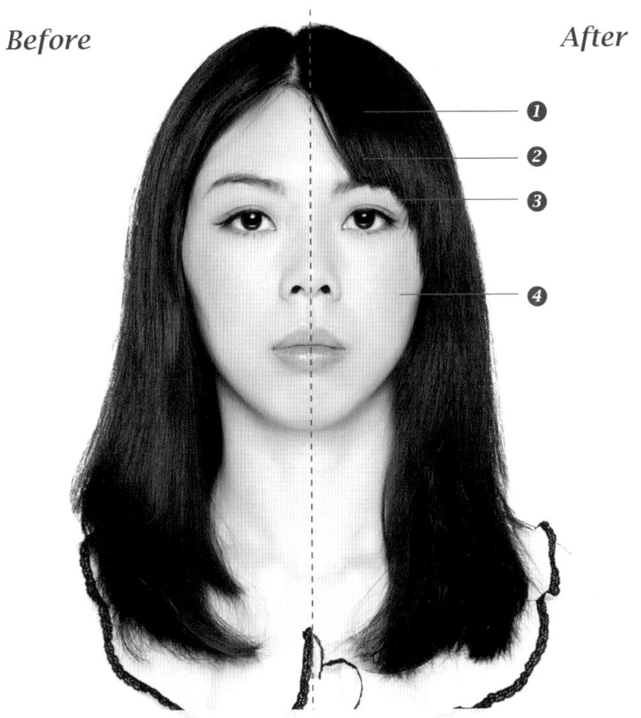

发型这样调整

1. 菱形脸因上窄下窄，刘海与发尾都要有一定的厚度，层次千万不能打太薄，要利用丰厚感来修饰。
2. 从耳朵顶端往上延伸线开始拉出刘海区，刘海看起来长，就巧妙修饰了窄额头。
3. 菱形脸的刘海与两侧连接不能修成圆弧形，从颧骨最高点垂直往上处开始，以 45 度斜修能巧妙改变脸型。
4. 颧骨位置在视觉上往下移了。

SECT. 厚齐刘海的修剪步骤

1. 剪刀不能横着剪，一定竖着剪。
2. 修剪头发时手不能拉太紧，轻拉能固定即可。
3. 剪头发时头往正前，千万不要抬头或低头，那样剪出来的长度会有落差。
4. 建议修剪头发前先将头发喷湿吹干，这时的发长最准确。

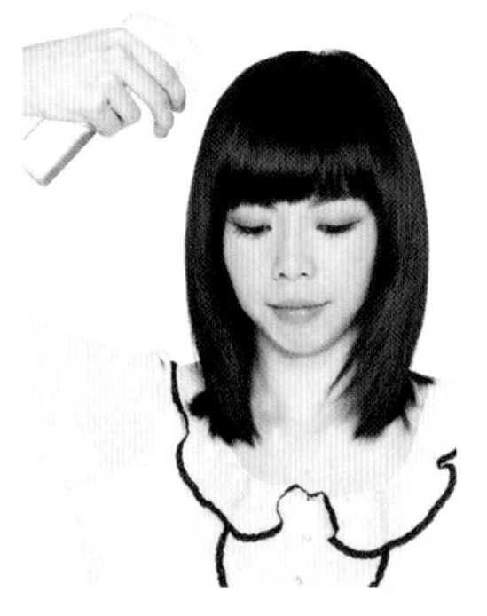

step1

头发喷湿：将刘海用水喷湿，至发根全湿的程度，以软化原本有分线的刘海根部。

step2

往前吹干：接着再用吹风机将刘海顺顺地往前吹干。

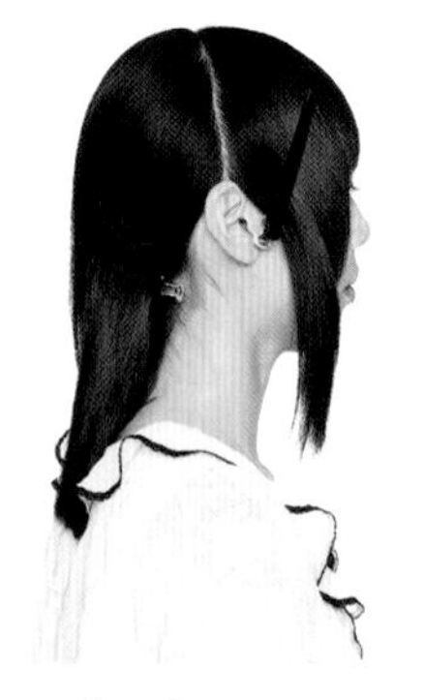

step3

分出刘海区：从两边耳朵顶端往上，越过头顶的这个区域都是属于刘海的区域。

step4

分两层：刘海区眉尾往后延伸线的三角区，再平均分为上下两层。

step5

剪刀修剪刘海长度：将剪刀竖着拿，从眉心中央开始剪去头发长度，剪齐的，直到颧骨最高点垂直往上的延伸线处再开始将长度往下降。

step6

削刀连接刘海与两侧发：为了不让齐刘海的两侧留下修剪后明显的直角，利用刻度浅的削刀从颧骨垂直往上延伸线的最高点处慢慢地往下削出层次，并与两侧头发连接起来。

SECT. 厚齐刘海的吹整步骤

1. 刘海一定要从后往前拉出三角区。
2. 因为每个人发流不一样，改变发流最快的方式就是利用大方梳以 Z 字型吹整。
3. 如果是自然卷，发丝比较毛糙，先用大方梳调整发流，再用鬃梳吹发尾加强光泽感、抚平毛糙。
4. 刘海量少的人，先抹摩丝再吹，加强厚度；刘海量多的人可用顺发露，头发看起来会比较柔软。

step1

喷上直发专用品：选择直发凝露或是保湿发妆水，先均匀喷于发丝上。

step2

平板夹夹直头发：如果头发有湿度先用吹风机吹干，再用平板夹夹直头发，让秀发呈现光泽度，且柔顺不毛糙。

step3

刘海分三层：耳朵顶端往上、眉尾往后延伸线的三角区刘海，平均分为上中下三层。

step4

发根 Z 字型边梳边吹：将吹风机由上往下吹，同时利用大方梳从发根处以 Z 字型调整发流。

step5

往下顺梳：延续步骤 4 的动作之后直接往下直直梳过吹顺刘海。三层都重复步骤 4 和步骤 5。

step6

喷上具光泽的发品：最后喷上具有光泽的产品，让直发看起来不干燥且具有质感。

“厚齐刘海也能打造出轻飘摇曳，洋溢青春风采！”

SECT. 两侧层次与脸型

首先要告诉大家一个概念，层次不是打薄，而是适度地修饰脸型。除开标准的鹅蛋脸，其他的脸型可参考以下发型。

长形脸

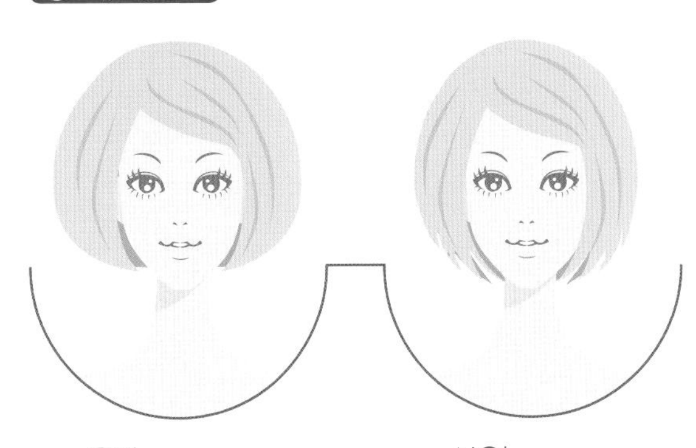

OK!
长度从整个脸型一半开始，且要有厚度而不能有太多层次。

NG!
发尾不能剪成须须或太薄，那样会让长脸更明显。

圆形脸

OK!
从两颊最肉肉的地方（一般都是鼻头附近）开始修剪层次到发尾，长度要到下巴。

NG!
厚齐且没有层次的发型，会显得脸更胖，头看起来也会变大。

方形脸

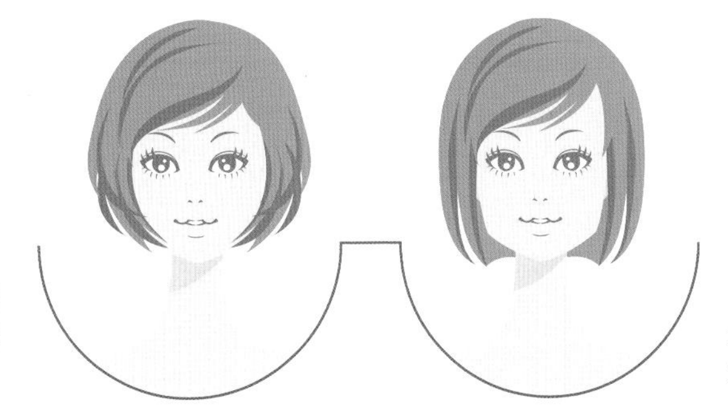

OK!
从腮帮子开始修剪层次，能将脸部两侧的角角隐藏起来。

NG!
刘海修剪很多层次，但是两侧的头发却是直顺的，角度最明显处没有层次修饰。

倒三角脸

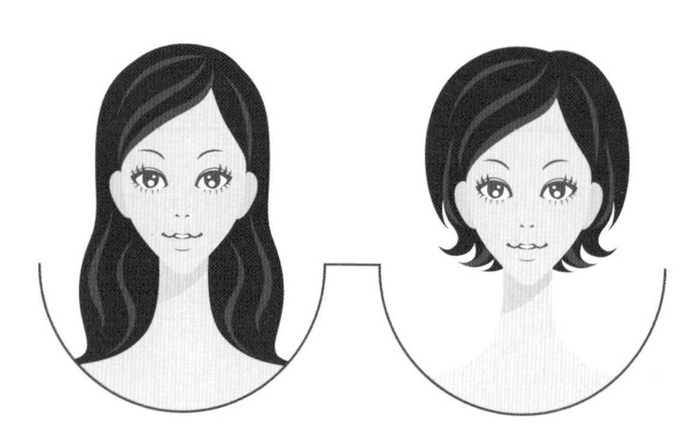

OK!

发长要超过脸最凸出的位置，层次从下巴开始，且耳朵以下的头发要有丰厚的卷度或厚度。

NG!

两侧最短的位置刚好落在脸型最窄的地方。

颧骨较宽

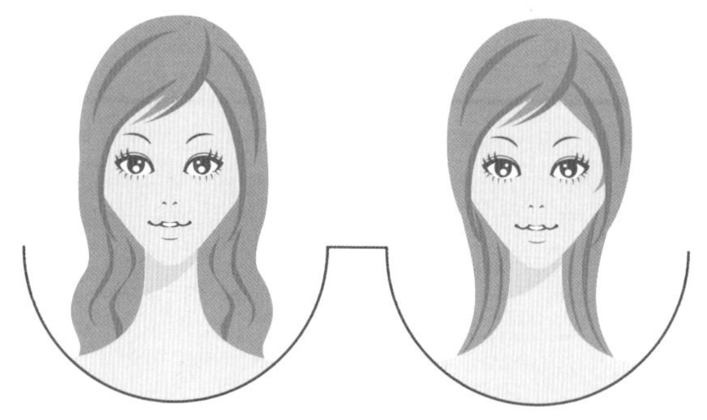

OK!

从颧骨最凸出处开始修剪层次，但不能打薄，这样才有修饰效果！

NG!

层次不能从颧骨上方开始，且头发尾端不能太薄。

脸颊凹陷

OK!

从脸颊凹陷处的上方开始修剪层次，但不能打薄喔！

NG!

长度不能盖住凹陷处也不能太薄，否则会让脸看起来更凹更恐怖！

两侧层次修剪与吹整 初级版

沉重黑长发→唯美线条长发

正面脸型 & 头型

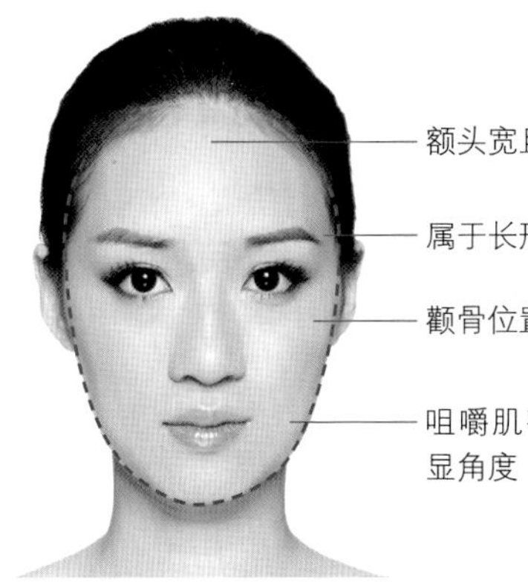

原本的正面发型

原本的侧面发型

修剪后的发型

发型这样调整：

1. 在颧骨与肩部间修出头发层次，就能达到修饰脸型的效果。
2. 脸长的人不适合修掉太多发量，保留发尾分量才有小脸效果。

SECT. 长发两边层次的修剪步骤

1. 长发的人使用削刀修出来的弧形会比用打薄刀修出来的漂亮。

2. 第一层先削出形状，第二层再一束束削去长度，不可每束头发都修一样长，依照前短后长的原则，一束接着一束慢慢修。

3. 里层头发的打薄只要挑 1 ~ 2 束即可，千万不可过多。

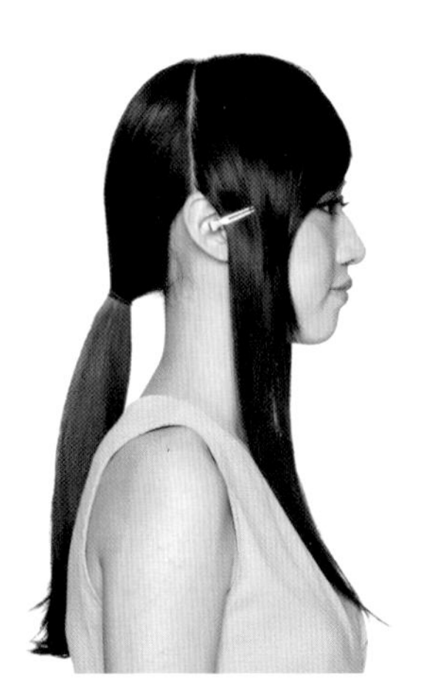

step1

头发分区：从两耳顶端连接起来的半圆形为前面区域头发，也就是可以自己进行修剪的部分。

step2

削刀修剪两颊头发：利用削刀从颧骨的最高点处开始，从上顺顺地削下来。

step3

单束削去头发长度：将头发分成小束，从前往后开始每束都拉高削，前面的发束削短一点，越往后面越长。

step4

里层挑 1 ~ 2 束头发打薄：从头发的里层挑出 1 ~ 2 束，利用打薄刀从发尾两段式剪去头发厚度。

SECT. 长发修整后的吹整

1. 先上摩丝再上卷，可长时间支撑线条不塌下来。

2. 刘海的整理：先用摩丝涂抹发尾三分之一，用手代替梳子全部往前拉，用吹风机吹顺后再往两边拨开。

step1

发尾涂抹摩丝：发尾处先均匀涂抹摩丝，并用吹风机吹干。

step2

头发分束并扭转：将头发分为 4 ~ 5 束，并将发束扭转紧。

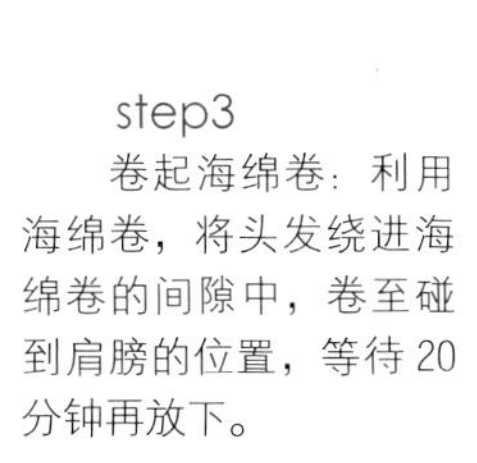

step3

卷起海绵卷：利用海绵卷，将头发绕进海绵卷的间隙中，卷至碰到肩膀的位置，等待 20 分钟再放下。

step4

发蜡抓揉：最后蘸取少量的发蜡在掌心搓揉后，从发尾往上捧起头发，两手轻轻搓揉出松度与发丝的线条感。

“线条感清楚的发丝
时尚度立刻加分

两侧层次修剪与吹整 进阶版

零造型中长发→日系甜美中长发

正面脸型 & 头型

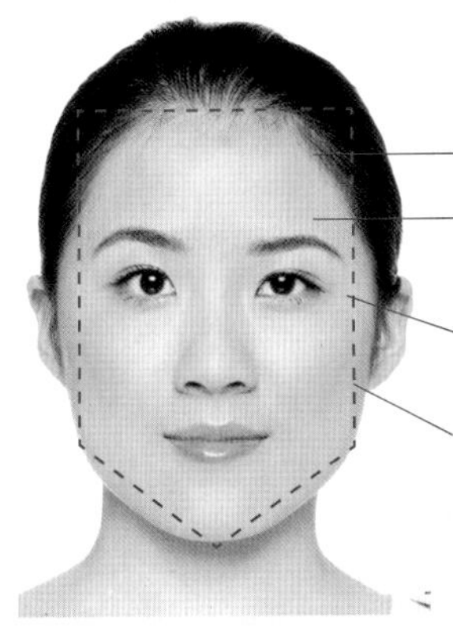

额头窄

从太阳穴以上脸开始大幅度变窄

属偏国字脸的长方形脸

腮帮子、颧骨到头顶都一样宽

原本的正面发型

两边头发很厚重

层次因为没有定期修剪，已经没有型，整个乱七八糟

原本的侧面发型

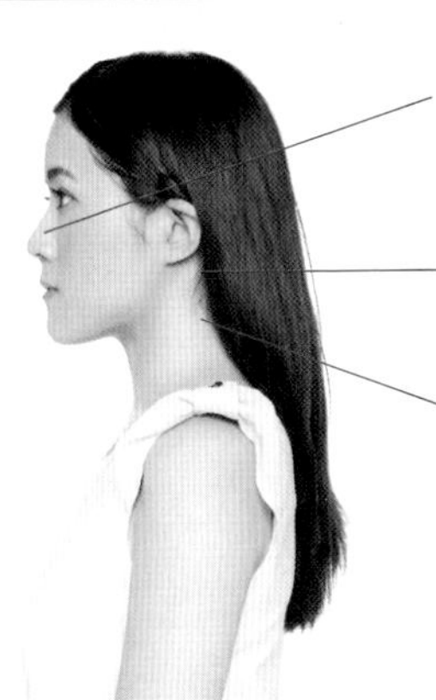

五官扁，发量很多，如果头发放下来会连鼻子都平掉

两侧发量过多，让脸型看起来更宽

建议在两侧修出层次，但下巴两侧不能打得太薄，以免戽斗看起来更明显

修剪后的发型

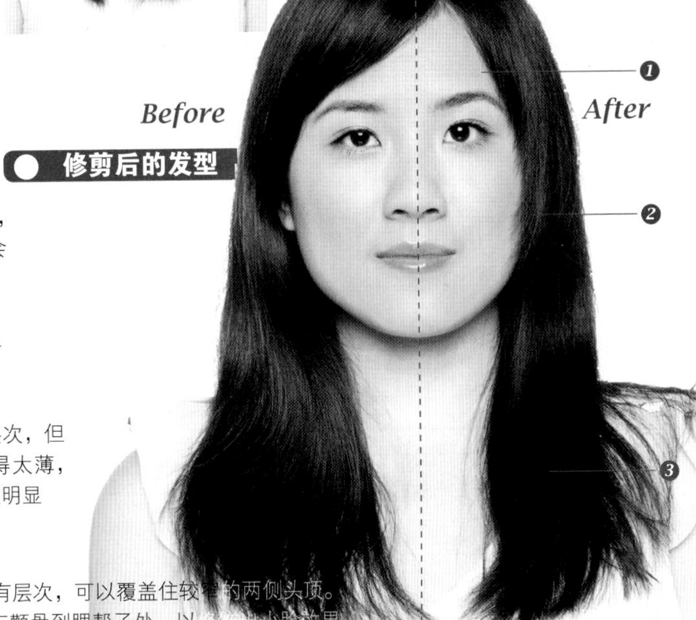

发型这样调整：

1. 太阳穴处不能有层次，可以覆盖住较窄的两侧头顶。
2. 层次加强在眼下颧骨到腮帮子处，以修饰出小脸效果。
3. 发尾比较轻盈，不会过于厚重，下巴与脖子的比例也拉长了。

SECT. 中长发两边层次的修剪步骤

1. 技术好的人可将头发喷湿后再修剪，这样会更精准！

2. 因为国字脸的人脸部最高点是一整片，所以从下方往上分层修剪能够创造出片状的层次感，而不是一般由上往下修的圆弧形。

3. 不管是修剪刘海还是两边层次，都要从正中央三角区再细分三区开始，才能控制两边的长度。

4. 修剪头发时不要一次剪完，每次都少量修剪然后看镜子确认，再继续修剪。

step1

耳朵顶端往上分三层：先从耳朵顶端往上分出修剪区，再平均分为三层。

step2

从腮帮子开始修头发：第一刀从脸部最宽的腮帮子处开始，利用削刀每隔0.5～1厘米修出层次。

NG!

发束不能往上拉，削刀也不能与头发呈直角！

step3

从颧骨开始修头发：放下第二层发束，从颧骨开始利用削刀往下每隔0.5～1厘米修出层次。

step4

从颧骨上方开始修头发：放下第三层头发，从颧骨上方开始利用削刀往下每隔0.5～1厘米修出层次。

step5

全部再修饰一次：将头发吹干后，将每一层连接不够完美处，或削得不理想的地方再微修一下。

SECT. 中长发的吹整步骤

1. 吹整时不要直直顺顺地往下吹，那样无法呈现出包覆脸型的自然弧度，建议往前圆弧形吹。

2. 手指 Z 字型拨松法：利用手指将集中的发束分散，制造空气感，但千万不要从发尾拉出，那样会将吹好的头发形状扯掉！

3. 想要呈现直发，吹整时往下顺吹，想做出微弯度则搭配圆梳往前吹。

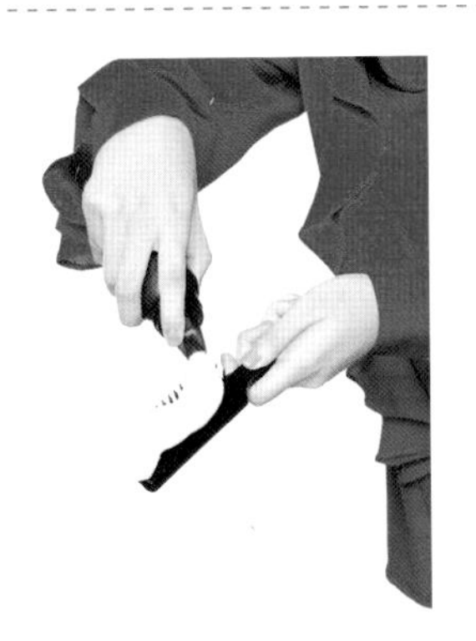

step1

摩丝挤在梳子上：细软发选择轻盈丰厚的摩丝，粗硬发选保湿摩丝，直接将摩丝挤在平梳上。

step2

均匀梳头发：从距离发根 5 厘米处开始把梳子上的摩丝均匀地梳于发丝上。

step3

往前圆弧形吹：利用吹风机搭配圆梳，将两侧的头发往前以圆弧形的方式吹出自然弯度。

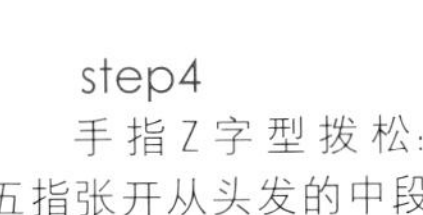

step4

手指 Z 字型拨松：五指张开从头发的中段直接伸进去，以 Z 字型拨松头发，再直接伸出来，不要拉扯到发尾。

step5

喷定型液：最后将刘海喷上定型液，固定斜分刘海。

“飘逸的发丝曲线，提升好女孩形象。”

懒女孩特修课
刮发

PERFECT
HAIRSTYLE

PERFECT HAIRSTYLE

各式刮发梳

刮发梳有很多不同种类，不管是扁梳、宽梳、鬃梳都可以创造出具蓬松感的发型，而它们的特点又各自不同，大家可根据发质与想要创造的发型来做选择。

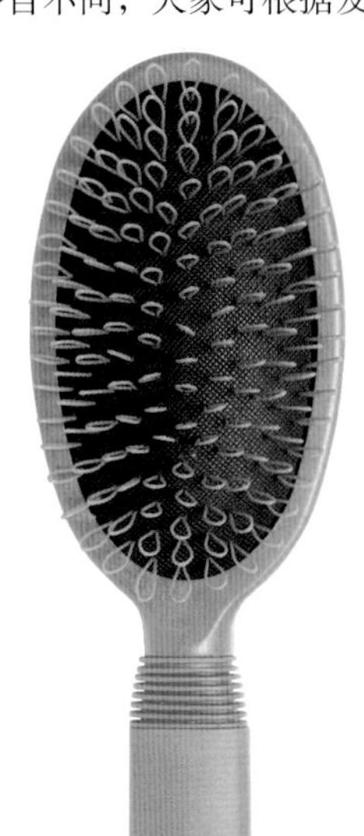

圆形刮蓬梳：圆形且齿距的宽度平均，刮发时是大面积地刮，刮出来的发型比较具有空气感，且比较不伤发质。

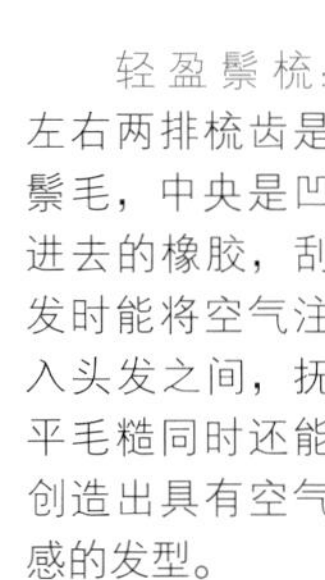

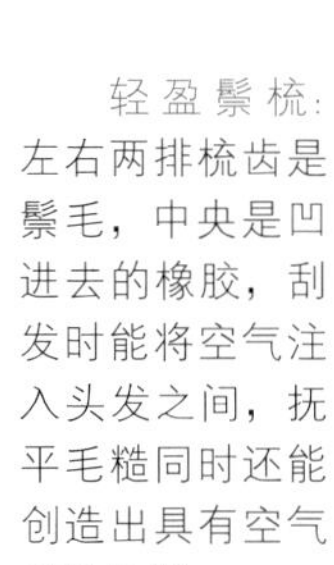

刮蓬梳：长短齿交错而成的梳子，倒刮头发更轻松，创造出的蓬松感较为密集，一撮一撮非常明显。

轻盈鬃梳：左右两排梳齿是鬃毛，中央是凹进去的橡胶，刮发时能将空气注入头发之间，抚平毛糙同时还能创造出具有空气感的发型。

造型刮梳：星星形状的造型刮梳，做包头时刮完后就可直接从尖端插入头发里固定，一物两用。

男用多功能造型梳：虽然是男生用的造型梳，但利用密集的齿距加小勾子局部倒刮发根处，可让发根更有支撑力。

鬃梳：鬃梳可以刮出自然的蓬度，且能帮助头发创造光泽。

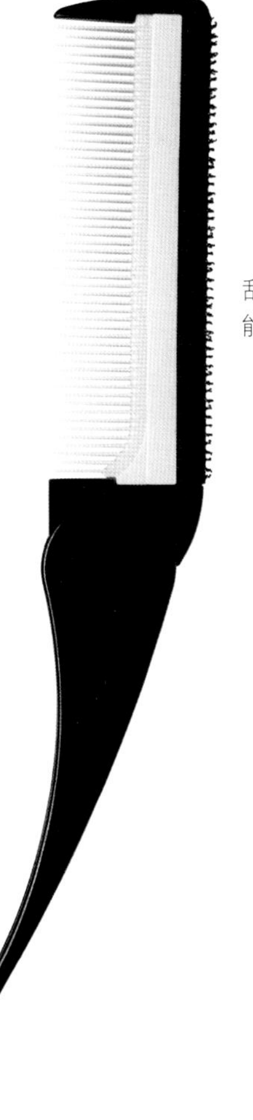

两用刮梳：左边以传统长短交错梳齿来创造坚固的蓬度，右边则是非常短且密的梳齿，可以用来抚平头发表面的毛糙。

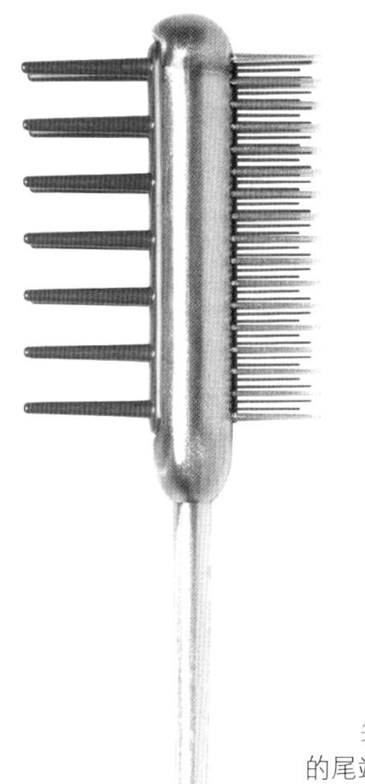

尖尾梳：在尖尾梳的尾端喷上定型液，伸入刮蓬后的发根加强定型，就不容易造成头发的扁塌。

多功能刮蓬梳：右边齿距比较密，能快速完成倒刮蓬松发，左边齿距较宽，能在刮完头发后调整发型。

SECT. 初级刮发

1. 初级刮发能创造出空气感与发束感。

2. 如果绑马尾或是将头发往上盘的人，绑好后再挑起细的发束，从中间开始往发根倒刮两下，能加强头发的波纹，避免发型扁塌没有生气。

3. 头发没有层次、发色又深的人，也可以用简单的初级刮发来创造发丝的弧度，营造空气感般的蓬松效果。

4. 如果想要蓬松感更强烈，倒刮发束时就一直刮到推不动梳子为止，这样的蓬松会很牢固，不过空气感就会降低。

step1

头发分区：将头发分成上下两束。

step2

将两束头发用橡皮筋绑起，绑最后一圈时将发束对折，发尾放在上面。

step3

用 U 型夹固定：将下面那束头发叠到上面那束头发上方，用 U 型夹固定。

step4

喷定型液：每次刮发都先挑起一小束头发，喷上定型液，加强塑型效果！

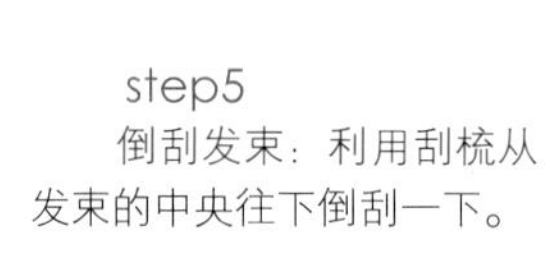

step5

倒刮发束：利用刮梳从发束的中央往下倒刮一下。

Point!

弧度倒刮：如果想要发丝线条更明显，需要有弧度的倒刮，这样会让头发的波纹更明显。

“初级刮发能营造出自然空气感，
适合编发后加强发丝的束感！”
PERFECT HAIRSTYLE

SECT. 进阶刮发

1. 进阶刮发能创造出头发的丰厚度，让发量看起来更多。
2. 从靠近头发的根部开始刮发，然后一直往发尾延伸，刮到不能刮为止。
3. 有弧度地刮发勾到的头发较多，蓬松度也会更大。
4. 刮发时不需分区，但建议从最下层的头发慢慢往上刮会比较顺手。
5. 刮发时请从发尾往发根方向推，直到推不动为止。
6. 记得刮发时发际线与头顶表面不要刮，不然会显得毛糙。
7. 刮头发之前可先用定型液打底，这样刮完的头发才不容易塌下来！

step1

靠近发根开始：喷完定型液之后，第一次倒刮从靠近发根处开始。

step2

再往上一点开始：将梳子往上一点，开始第二次的倒刮。

step3

往下倒刮：有弧度地的往下倒刮，这样才会让梳子勾到比较多的头发，一直到刮不动为止。

step4

继续往上倒刮：最后将梳子往上开始第三次有弧度的倒刮，重复此动作一直到发尾为止。

step5

两侧倒刮：刮两侧头发时利用平鬃梳直着倒刮，两侧的线条才不会太夸张，也能创造出不同的发丝纹理。

“进阶刮发的发量会更加丰厚，
适合发量少或想要创造特殊造型时！”
PERFECT HAIRSTYLE

SECT. 刮发创造浪漫丰厚

1. 头发随意抓小束，一束一束刮，刮一束放一束，不要整头刮才能制造出浪漫的层次感。
2. 用一束刮过的头发来编辫子，会让辫子更有立体感。
3. 发量少的人也可利用辫子来增加发量的厚度。

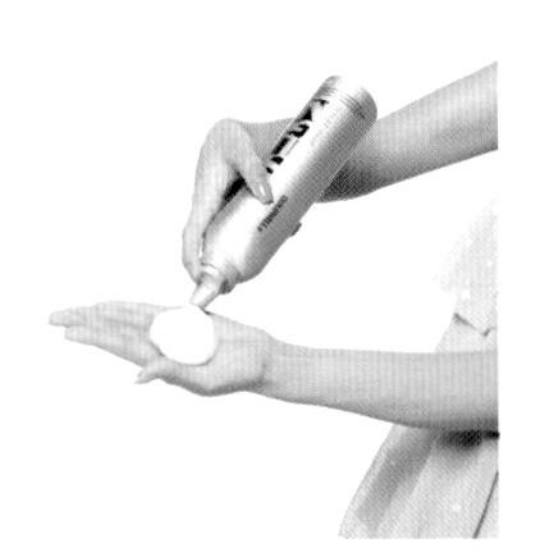

step1

头发抹摩丝打底：将具有丰盈度的摩丝挤在手上搓揉后，涂抹在头发上，再用吹风机吹干，做好基础打底后就能创造出有厚度的头发。

step2

刮蓬头发：随意抓取一小束头发，从中间开始往发根倒刮，刮到不能动为止，接着再加强发根处的倒刮，就能支撑住头发的重量。

step3

编三股辫：刮完头发后，将刘海区头发分三束，其中一束是刮过的头发，其他两束没刮过，松松地编辫子，因为刮过的发束藏在其中，辫子也会跟着变立体。

step4

辫子往侧边夹：将编好的辫子往侧边弯，用U型夹固定，辫子的立体度会更明显，且头顶呈现自然的弧度。

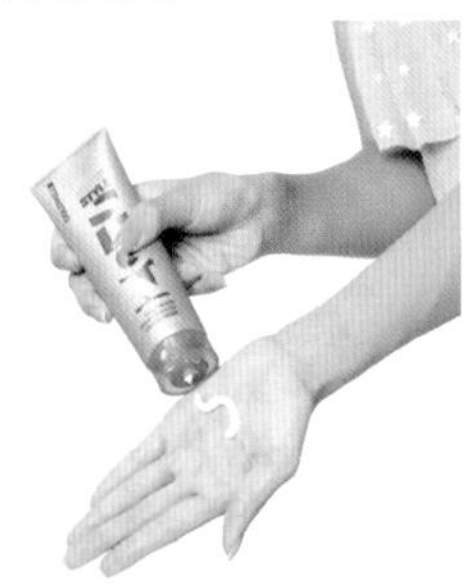

step5

少量蓬松霜：挤出少量的蓬松霜在手上搓揉均匀。

step6

用手抓出厚度：五指张开轻轻抓住头发往上搓揉，抓出头发的丰厚度。

step7

喷上轻丰侠：最后喷上兼具定型、丰厚、塑型功能的喷雾状发蜡，加强丰厚度及定型。

1.Goldwell塑型系列 轻丰侠：提升造型的塑型力与持久性，快干不会造成发丝的纠结。

2.Goldwell丰盈系列 3号丰盈摩丝：有足够的支撑度，并立即增加头发的丰厚度。

3.Goldwell波纹系列 蓬松卷：不黏腻的水润感，让卷度不毛糙，给予发丝亮丽光泽。

“即使是有厚度的乱发，
也能呈现出浪漫的线条感！”
PERFECT HAIRSTYLE

SECT. 刮发创造优雅蓬松

1. 想要将头发往后收但发量不够的人，用局部刮蓬与编辫子的方法就可以创造有分量的蓬度。
2. 辫子编完后一定要记得往外拉松，这样发型才不会僵硬，也才能创造蓬松感。
3. 局部涂抹发蜡于发尾能为发丝带来光泽与束感，即便蓬松的发型也能具有分明的层次感。

step1

头发分四区：以头顶后方的发旋为中心分为上下左右四区。

step2

发根喷丰胶：在发根处均匀喷上丰胶，再用吹风机吹干头发打底，塑型力强的产品会让塑型后的头发更立体。

step3

发根倒刮：利用宽梳从靠近发尾三分之一处开始倒刮，刮到刮不动为止。

step4

四区都编辫子：发根全部刮蓬完毕后，分别将四区的头发编三股辫，要编到底。

step5

U型夹固定：将辫子随意往上扭转并用U型夹固定，不用太紧，要有松落感才自然。

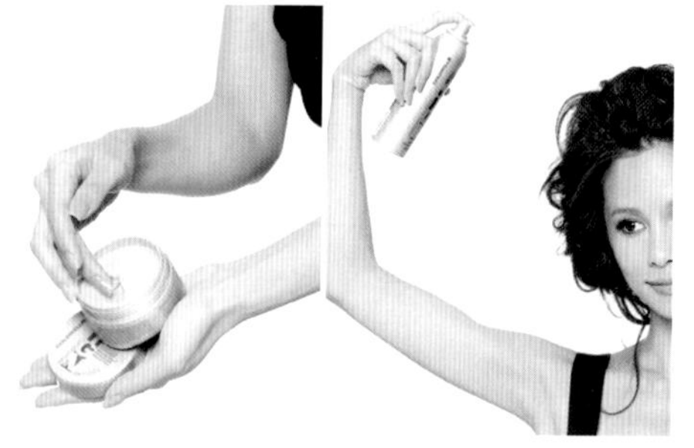

step6

发尾涂抹魔塑蜡：手指蘸取一小粒米大小的发蜡后搓揉均匀，局部涂抹在发尾，塑造出头发的束感。

step7

喷上晶光闪闪发雾：最后均匀喷上亮晶晶发雾，增加发丝的光泽。

1.Goldwell塑型系列 魔塑蜡：即使是细软发也可强力塑型，维持头发不变形。

2.Goldwell闪亮系列 晶光闪闪：增加头发的光泽度，保护头发的色泽，让发丝散发迷人光彩。

3.Goldwell丰盈系列 丰胶：立即创造头发的丰厚及层次感，固定力强能让头发不松散。

“慵懒蓬松的发型，充分展现女人味！”
PERFECT HAIRSTYLE

SECT. 关于刮发的 Q&A

刮发的优点有：增加头发的厚度、高度，改变头型，加强造型的维持度与立体度。缺点则在于技巧不对时会让头发更毛糙、凌乱，梳开不当扯断头发。除了前述的基本观点与技巧操作外，还有大家经常提出的疑问，现在就一一解答！

Q：头发不容易刮蓬时……

A：先帮头发打底！

先将蓬蓬水喷于发根，用手指腹搓揉均匀后再开始倒刮，也可选择定型液，每次抓取发束时就均匀喷上，再倒刮头发。但记得都要选择油脂含量少的，因为油脂会让头发更扁塌。

Q：每天都想刮发……

A：不行！

刮发是逆向摩擦毛鳞片，长期下来会让头发容易毛糙分叉，让发质受损。

Q：到底是先刮发再绑发还是先绑发再刮发……

A：依发型而定。

如果像绑公主头这类放下来的头发，先刮发再绑发；如果绑完马尾想让头发分量变多，就先绑再倒刮马尾发束。比较特别的是辫子，先刮发后再绑会让辫子具有立体感，但最后可利用辫子编完发尾的发束打一个结，再用扁梳倒刮达到固定效果。

Q：加速刮发时间的造型品……

A：1. 造型品。2. 玉米须夹。3. 电卷棒。

造型品与电卷棒我都强烈推荐，但因为玉米须夹使用时要靠近头皮，操作不当容易烫到，非专业发型师尽量避免使用。

Q：刮完头发后像疯婆子……

A：发束不可贴着头皮刮！

将要倒刮的发束拿起来，角度尽量与头皮呈直角，就不会在刮发过程中刮到其他发丝。另外，头发的表面不要刮，这样可以避免毛糙感。

Q：很想刮一下扁塌的刘海……

A：刘海不能刮！

刘海一刮就会有破绽，要避免扁塌，建议流汗或出油时，立刻擦掉汗水或吸油，且刘海容易扁塌也跟我们的夜间保养有关：如保养品都擦到发际线，甚至卸妆油堆积在发际线没冲洗干净，都会造成此处出油严重。

Q：手指倒刮头发……

A：可以，但会毛糙！

如果你要用手指倒刮的话，建议将五指张开伸入发束中往上刮，不要用拇指与食指捏住发束往上拉，这样会很容易毛。

Q：刮发后的梳开与护发……

A：先用润发乳软化发丝！

初级刮发：先涂抹适量的润发乳→以宽梳梳开头发→冲水→洗发乳洗发→护发乳护发。

进阶刮发：先涂抹适量的润发乳→从发尾慢慢把头发松开→冲水→洗发乳洗头→护发乳护发。

Q：绝对 NG 的刮发……

A：按脸型分

NG！脸长的人不能刮头顶。

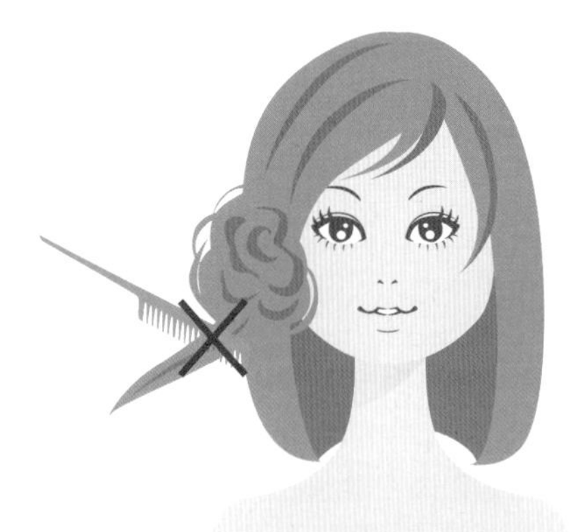

NG！圆脸的人不能刮两颊最丰腴有肉的地方。

NG！倒三角脸不能刮颧骨两侧。

NG！方形脸不能刮腮帮子两侧。

发型基本功
整发器&发夹

PERFECT HAIRSTYLE

SECT. 整发器轻松上手

吹风机的基础技巧

选择一只好的吹风机能持续锁住发丝水分，避免毛糙，记得要吹到五指张开深入头发里层按压感觉不到湿度的全干程度，才可以避免头皮感染细菌。头发有自然卷的人可用平板夹顺过加强柔顺。

step1
吹五分干：洗完头发后将发根先吹干，发尾吹到五分干。

step2
分层：将头发平均分成三层，先将最下面一层吹到全干，再放下一层继续吹。

step3
由上往下顺吹：吹风机距离头发约10厘米，用手轻拉头发由上往下顺吹，先将头发毛鳞片吹顺。

step4
搭配梳子吹出弧度：搭配陶瓷造型梳将发流拉顺，吹出弧度，陶瓷梳遇热后可让头发有基础的塑型效果，不用再擦任何造型品。

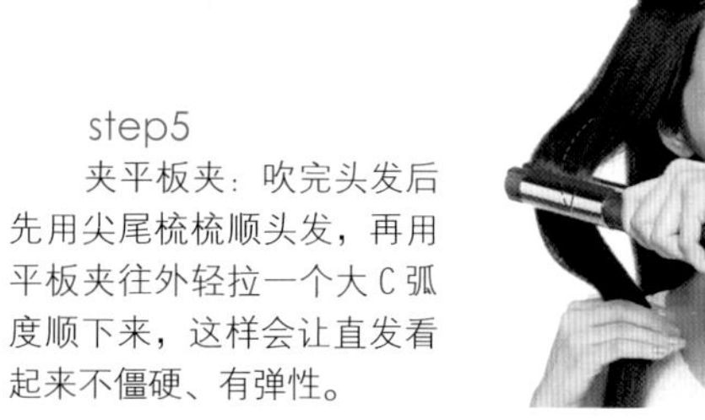

step5
夹平板夹：吹完头发后先用尖尾梳梳顺头发，再用平板夹往外轻拉一个大C弧度顺下来，这样会让直发看起来不僵硬、有弹性。

step6
顺时针扭转头发：最后将头发顺时针扭转，可避免头发毛糙，并再次加强大C弧度的定型。

电卷棒的基本技巧

上电卷棒前先将头发梳顺，温度设定在 180 ～ 210℃之间，上卷时，用手触摸头发表面有轻微热度时，就可将电卷棒手把放开往下拉到头发外面。练习好基础卷发后，建议大家尝试将发片用手绕进电卷棒里，可让头发中央卷度更蓬松，如想要复古卷度则可将电卷棒从发尾夹住后往上卷，让卷度集中在下方。

活泼的外卷

step1

分长方形发束：将头发平均分 2～3层(视发量多寡来定)，以宽度 1.5 ～ 2 厘米为准，分出发束。

step2

发束放进电卷棒：将电卷棒从发束的后面顶住，另一手将头发绕一圈进去，将发束夹住。

step3

往下拉到发尾：直接将电卷棒往下拉，但不要拉到最底，约留发尾 1 厘米不上卷。

step4

往上卷起头发：电卷棒往后、往上卷起，同样不可卷到发根，约留 1.5 厘米不上卷。

step5

烘罩代替梳子：全部卷完后，利用烘罩从头顶往后梳，卷度会散开的，相当自然喔！

优雅的内卷

step1

发束放进电卷棒：将电卷棒从长方形发束的前面顶住，另一手将头发放进后直接夹住。

step2

先往下拉再往上卷：电卷棒直接往下拉到发尾，留发尾 1 厘米不上卷，再往前、往上卷，留发根 1.5 厘米不上卷。

外卷
内卷

1 PHILIPS 陶瓷负离子双效护发吹风机：不只是一般吹风机的热风，它具备了红外线保养头皮、负离子帮助头发锁水的功能，同时附加的各种整发器如烘罩、造型梳都能更快帮助头发塑型。

2 PHILIPS 纳米电气石温控电卷棒：传热快速，加上超滑顺纳米能防止头发遇热断裂，卷出来的头发有弹性、有光泽。

3 PHILIPS 沙龙级陶瓷温控直发造型器：新一代陶瓷面板表层可保护秀发；直板可打造直发造型，曲线圆弧表面可创造大波浪。

SECT. 吹风机 & 电卷棒的应用

生活中不可缺少的两大整发器：吹风机与电卷棒，即使不用造型品，善加运用有热度的产品也能创造出令人惊艳的发型！

step1

头发吹八分干：先利用吹风机由上往下将头发吹到八分干。

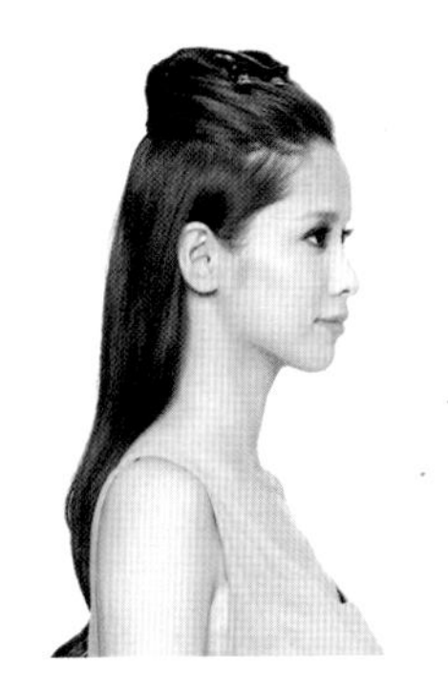

step2

分两层：将头发沿眉峰往后的延伸线分为上下两层，上面的头发往外卷，下面的头发往内卷。

step3

电卷棒往内卷：下层的头发拉 1.5 厘米的长方形发束，用电卷棒把头发往内卷，发尾留 1 厘米不上卷，卷到耳朵下方的位置。

step4

电卷棒从中间往外卷：上层的头发拉出 1.5 厘米的长方形发束，用电卷棒将头发从中间往外卷到耳朵下方，发尾留 1 厘米不卷，塑造有跃动感的发丝。

step5

用手拨松：最后将五指张开伸进头发里拨松，增加发根的蓬松度，创造自然不僵硬的卷度。

“以内外交错的卷度，创造轻甜的柔软卷发！”
PERFECT HAIRSTYLE

SECT.U 型夹的运用

V 型基本功

针对发量少或头发没有层次的人，V 型可创造出蓬松且富有层次的头发，尤其绑马尾时可明显看到发丝跳跃般的律动。

step1
从靠近发尾处将U型夹以由上往下的方向插入头发里。

step2
再将U型夹往上转，以由下往上的方向垂直插入头发里。

step3
建议重复步骤1与步骤2数次，蓬度会更明显，最后固定时，U型夹由上往下推到底即可。

圆圈型基本功

从头发中段开始往上画圆圈，做出花朵或头发的层次。

step1
一手轻拉住一束头发，另一手将U型夹由上往下插入头发约1/3的厚度。

step2
接着用手将U型夹往上转，变成往上的方向并勾住少许头发。

step3
再将U型夹尾端在头发里轻推针转一圈，会自然形成花朵般的圆圈，接着将U型夹由上往下推到底固定即可。

W型基本功

靠近头发根部开始，挑出头发的线条与蓬度。

step1

从靠近发根处将U型夹以由上往下的方向插入头发里。

step2

将U型夹往上转，这时头发会被U型夹勾起，接着将U型夹以由下往斜上的方向再次插入头发里。

step3

将U型夹改变成往斜下的方向后，再次插入头发里层。

step4

再一次将U型夹往上转，勾起大量头发。

step5

将U型夹由上往下插入头发里层并推到底固定，因为勾起的头发够分量所以U型夹也会很牢固，不易松脱。

Z型基本功

Z型是V型的变化版，能挑出不同的层次，且头发根部不会太蓬。

Point!

建议重复步骤1与步骤2数次，让头发层次或头型更明显，最后固定时将U型夹横向（左右两边皆可）推到底即可。

step1

将U型夹横拿，从靠近发根处，横着插入头发里层。

step2

将U型夹往左转，变成反方向，U型夹会自然勾起发根头发，再将U型夹固定插入头发里层。

双夹配：黑色发夹＋U型夹

短发的人利用黑色发夹、U型夹与橡皮筋可创造出富有变化的发型，因为短发不像长发用夹子就可固定，建议先利用橡皮筋将头发收起，但记得橡皮筋不要绑太靠近发根，否则会没有空间使用U型夹创造束感。

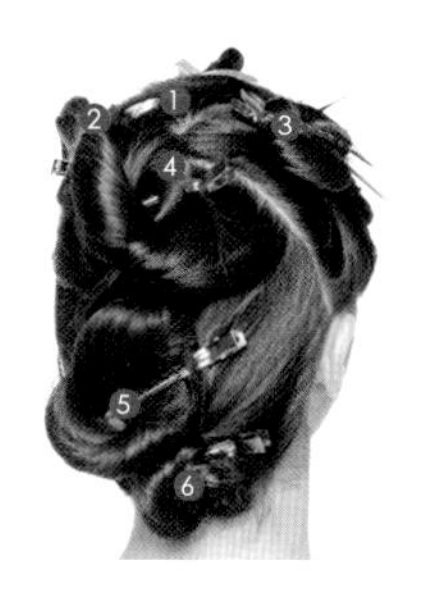

step1

头发分六区：先把头发分为刘海三角区、上、中、下及两侧共六区。

step2

黑色发夹固定马尾：将4、5、6区分别用橡皮筋绑起后，将上面与中间的发束交叠后以黑色发夹固定，接着再将最下方的发束往上叠起以黑色发夹固定。

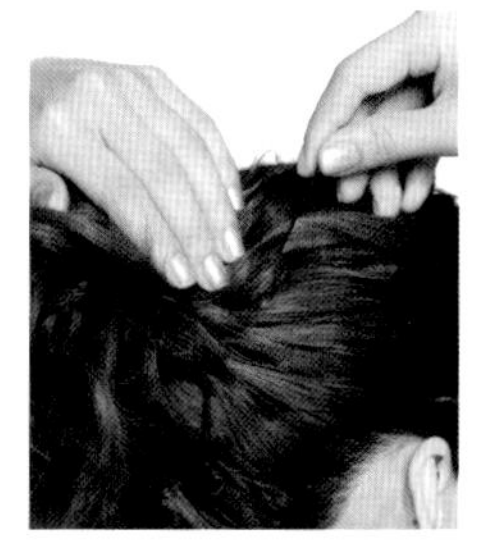

step3

两侧夹出发束感：2、3区的头发往后收，用黑色发夹分成小束，顺着头发垂直往内推，创造出两边的束感。

黑色发夹这样用

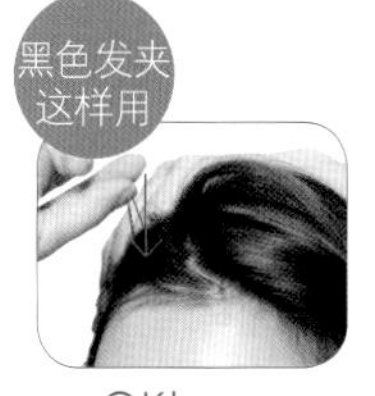

OK!

一手抓着头发发束，另一手拿黑色发夹（长的那面在下、短的那面在上），顺着头发以垂直的方向推到底，将发夹藏在头发里。

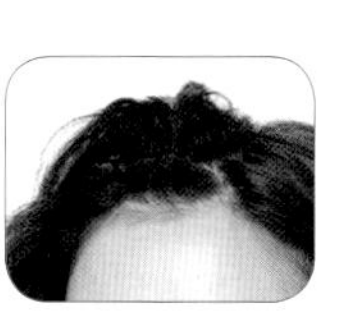

NG!

横着夹，头型不但被压扁，外露的发夹也不雅观。

step4

中U型夹分散发丝：将step1交叠在一起的头发随意挑出发束，用中U型夹插进发束中，帮助分散发丝，就不会是一整坨而是有层次的头发。

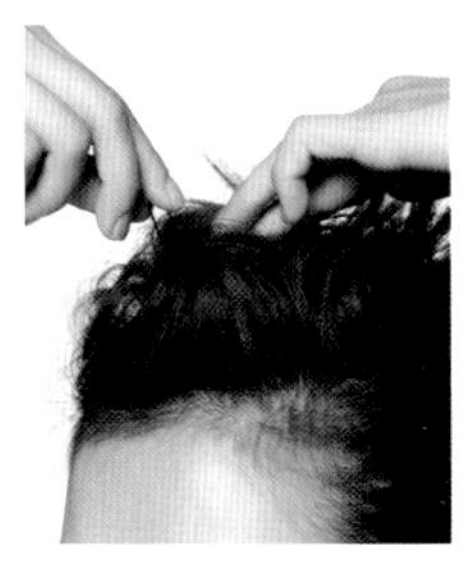

step5

头顶中U型夹作出蓬度：第1区的刘海利用中U型夹，以V型技巧创造出头顶的蓬度感。

step6

黑色发夹加强固定：用黑色发夹创造前额刘海的束感，并再次加强固定。

Finish

大U型夹应用：打造蓬松发

大U型夹最棒的一点在于可将原本扁塌的头发创造出蓬松效果，就算是头发量少的人也可用U型夹来增加视觉上的发量。

step1

分层编辫子：按一层编辫子，一层不编，再一层编辫子的方式，先将头发打底。

step2

大U型夹勾住辫子：利用大U型夹先从下层勾住头发后，由下往上勾住辫子。

step3

以W型固定：延续步骤2的动作，将大U型夹以W型固定，创造出头发的波纹，并利用勾辫的方式增加发丝蓬松感。

step4

头顶发束交错：头顶的发束以左右交错的方式，呈现出发型的层次感，还可增加头顶的厚度，约交叠四层。

step5

大U型夹固定：将左边的发束拉到右边后用U型夹以W型或Z型固定，右边发束拉到左边后也以同样方法固定。

● 大 U 型夹应用：打造公主头

公主头是排行榜里很受欢迎的发型，但大部分女生都会用橡皮筋或发夹直接绑，看起来僵硬死板，大 U 型夹搭配 Z 型技巧可以让公主头形状不会太蓬，且具甜美的飘逸感。

step1

右边 Z 型：从右边眉尾上方的延伸线开始往后脑勺方向以 Z 型技巧做出如编发般的形状。

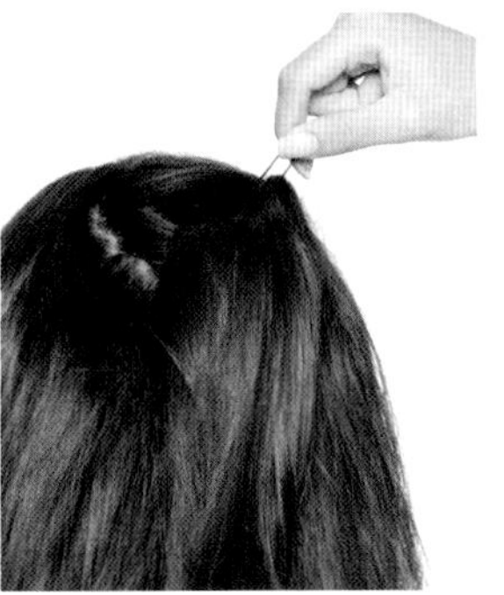

step2

在后脑勺处固定：将 U 型夹在后脑勺处固定，左边头发也同样重复步骤 1、2。

step3

中央发束一层叠一层：中央部分头发从两边各抓一束交叉层叠后，再分别以 Z 型将发束固定。

step4

额头上方刘海 Z 型固定：将额头上方三角区的刘海分为两层，分别往后以 Z 型技巧层叠出自然弧形。

中 U 型夹应用：无刘海变斜刘海

对于没有刘海的人来说，中 U 型夹可神奇地创造出有线条、有蓬度的刘海，只要将刘海三角区头发先少量均匀地喷上定型液，再将头发分小束小束地以画圈方式在耳上叠出层次感，就得到了具有变化感的斜刘海。

step1

分刘海三角区：从眉尾往上到头顶延伸线的三角区就是创造刘海的发量。

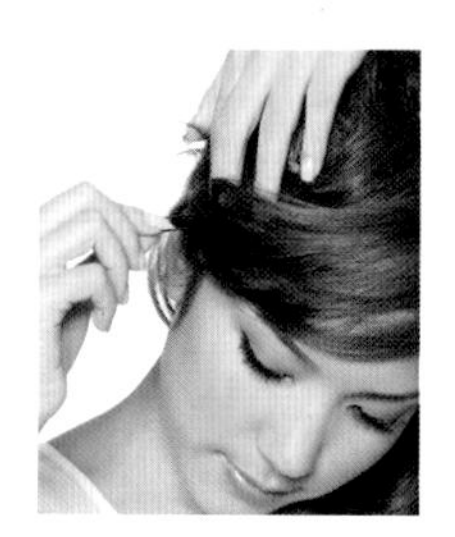

step2

绕圈创造刘海层次：利用中 U 型夹从耳上部位以画圈的方式先做出侧边刘海的层次（如果头发很长，则夹头发的中段，剩下的头发拨到耳后即可）。

step3

蓬起处下压固定：将刘海局部突出蓬起的地方用手轻压，以中 U 型夹由下往上放入后再转由上往下推到底固定。

小小 U 型夹应用：固定斜刘海

比起黑色发夹，利用小小 U 型夹来固定刘海更适合，也更能创造出优雅的线条，尤其对于过渡期半长不短的刘海来说，绝对是拯救发型的救星。

step1

将小小 U 型夹尾端弯曲：因为小小 U 型夹又小又细，使用前记得将尾端往后弯曲，如此一来就能创造小小 U 型夹的固定力。

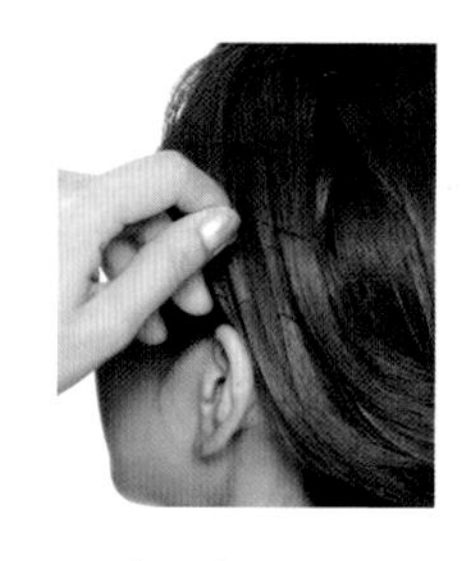

step2

刘海后方创造线条感：准备多只小小 U 型夹分别顺着发束垂直插入，可以创造出明显的线条感。

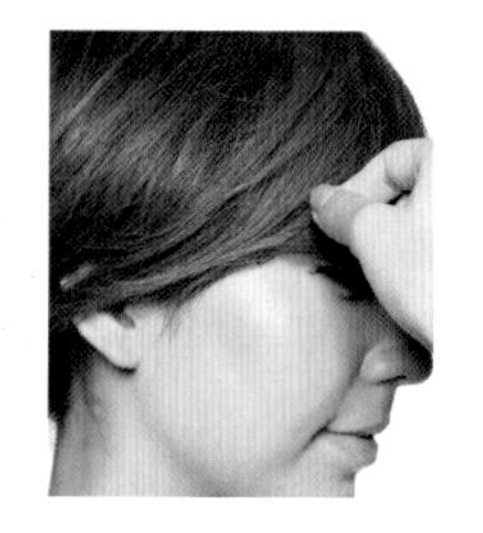

step3

刘海发尾固定：眉尾处的刘海发束比较松散，无法垂直固定，将小小 U 型夹小心地从刘海发尾里层放进，先由下往上轻勾，再往回变成由上往下推到底固定。

SECT. 造型再加分

创意头发贴纸

最新最有创意，拥有各种图案与大小 size 的头发贴纸，简单又不会破坏做好的发型，对于不喜欢大发饰的人来说，小贴纸绝对是完美选择！

step1

头发分四区：以头顶发旋为中心画一个圆，再从耳朵顶端分上区与下区，最后上半区的头发中分成左右两区。

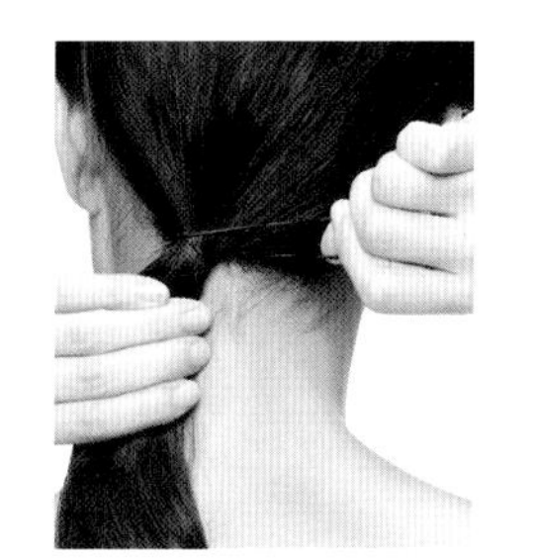

step2

第四区绑一束：将第四区头发用橡皮筋绑成一束，绑完后记得将发根处拉松，发型才不会扁塌。

step3

左右发束交叠：将二、三区发束用橡皮筋绑起、拉松发根后，将两束头发相互交叠并用夹子牢牢固定。

step4

上层头发往下盖：第一区头发同样用橡皮筋绑起、拉松发根后，往下盖住二、三区的头发，将 U 型夹从上往下插入发束中，就能达到固定与蓬松的自然效果。

step5

贴上头发贴纸：在刘海的侧边贴上头发贴纸即可，若需改变位置只要将贴纸从上往下拉就可，不会弄乱原本发型。

PERFECT HAIRSTYLE

马尾专用宽发圈

马尾是每个人都适合且容易上手的发型，但要让马尾更有变化，除了加上宽发饰加强支撑度外，还可以利用小心思让马尾呈现无重力的摆动感！

step1

头发分三层绑马尾：将头发从眉尾延伸到后脑勺发旋处分上下两区，下面头发绑紧马尾，上面的头发随意挑出一束再绑松松的马尾。

step2

刮蓬小束马尾根部：将松马尾的根部利用小扁梳刮蓬后，用黑色发夹夹起固定。

step3

三束头发绑成一束：接着将上面的头发也绑松松的马尾往下盖，再利用橡皮筋把三束马尾全部绑在一起，分层绑会让马尾的束感更有层次，制造出发尾线条感。

step4

套上马尾宽发圈：将马尾宽发圈套上，不但可以藏起橡皮筋的痕迹，还能支撑马尾不往下掉。

step5

手指拉出束感：将手指张开伸进头发里，往外轻轻推拉出一些蓬度，这样就不会让整个头顶扁扁的。

PERFECT HAIRSTYLE

水晶发箍

浪漫的水晶发箍能将简单的辫子营造出精灵般的气质，辫子一定要拉松，利用蓬松的垂落发丝与 U 型夹来固定容易往下掉的发箍就 OK！

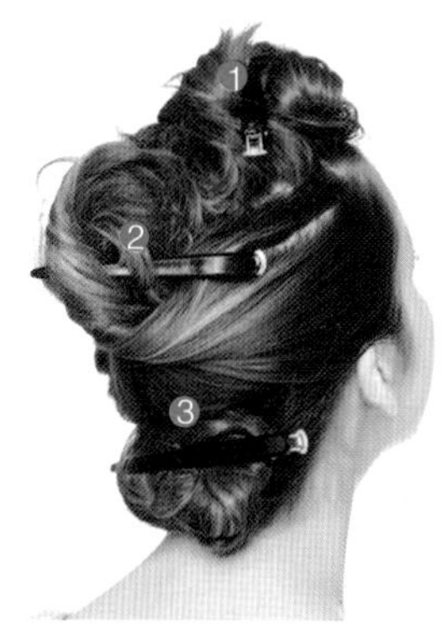

step1

头发分区：将头发分为上中下三区，中间层的发量最多，这样才能做出发型的蓬度。

step2

编辫子：最下层的头发从两边分别抓一小束，直接编辫子编到底。

step3

第二层发髻：放下中间层的头发，用黑色橡皮筋绑起，最后一圈拉一半，将剩下头发用橡皮筋缠绕藏起，再用 U 型夹固定。

step4

套上发箍：套上水晶发箍，发箍的位置要刚好卡在第二层发髻的下面，这样发箍才不会往上跑，再将最上层的头发往下盖住发箍，用 U 型夹固定。

step5

两侧加强固定：两侧利用 U 型夹，从下勾住头发后往上插入发箍里，可更加强固定。

step6

将发束穿过辫子：抓取一些小发束，从辫子间的空隙穿出来，营造出浪漫的层次感。

PERFECT HAIRSTYLE

缎带蝴蝶结大发带

一般人都会用包子头搭配发带，单调又没有层次，而利用简单的两股辫可创造出漂亮的线条层次，让存在感十足的发带更有气势！

step1

编两股辫：不限制分区，随意抓取发束，分两束相互扭转绑出两股辫。

step2

绑上下两束马尾：两股辫全部编好后，将头发以上下1：2的比例分别用橡皮筋（也可以用大肠圈）绑起松松的马尾。

step3

套上发带：直接将发带套上，将大蝴蝶结的位置放在侧边并露出前额头发一点点。

step4

马尾相叠：将上下两束马尾相互叠在一起，用U型夹与黑色发夹固定，能创造出层次感且很稳固。

step5

U型夹固定发带：利用U型夹从发带的下方先勾住头发，再往上插入头发与发带里层，这样就能避免发带松落。

PERFECT HAIRSTYLE

立体式发夹

立体式发夹可自行调整发饰角度，例如我们示范的蝴蝶结发夹，可以将蝴蝶结往上拉，也可以往下压扁。往上拉能营造活泼感，往下压具有气质，可视发型而作改变。

step1
头发分五区：将头发分为五束，刘海及后脑勺为一束，左右耳朵上方各一束，后脑勺下方再分左右两束。

step2
绑头发：将每束头发用橡皮筋一节一节地绑起，每节间距 4 ～ 5 厘米。

step3
拉松头发：一只手轻拉发尾，另一只手将每节的头发按往外、往上的方向拉松。

step4
大 U 型夹画圈往上固定：将每一束头发使用大 U 型夹，以画圈的方式全部拉到头顶后固定。

step5
夹上发夹：最后将发夹斜斜地夹在侧边刘海上，如果发夹不够立体，可调整蝴蝶结的角度，让发型显得更活泼。

PERFECT

迷你型小夹子

迷你小夹子有画龙点睛的妙用，当编好漂亮的发型后，增添造型感的小技巧就在于选用花朵或是水钻的迷你型小夹子，瞬间提升流行度！

step1

头发分三区：将头发分三区，先从一边眉峰往后延伸线到另一边耳朵上方分出第一区，接着在后脑勺头发中央画一个圆为第二区，剩下的头发为第三区。

step2

第二、三区编两股辫：先将第三区的头发从最右边开始编两股辫，一直编到左边用橡皮筋固定，再将第二区头发从右到左编两股辫，叠在第三区上方用发夹夹起固定。

step3

第一区编三股辫：第一区的头发则以三股辫来创造出不同线条。

step4

在耳朵上方固定：将三股辫对折往后叠在耳上，用夹子固定。

step5

夹上小花朵夹子：最后在侧面编发处夹上小花朵迷你夹子，增加浪漫气息。

PERFECT HAIRSTYLE

烫发大学问

PERFECT
HAIRSTYLE

烫发分为很多种类，眼花缭乱的名称事实上都可归为三大类，热烫、冷烫、离子烫，这里特别提出来讲就是要让大家对于烫发有基本概念，身为消费者的你绝对不能不知你要在 salon 做些什么！

SECT. 热烫

通过高温塑型产生的卷度和烫出来的卷度不会散开，很适合头发不容易卷或不喜欢用造型品加强卷度的人，但是热烫会因为高温导致头发变干，瞬间使发丝内的养分丧失，所以在护发上要特别加强。

热烫包含名称

热塑烫、温塑烫、陶瓷烫等都属于热烫，差别在于卷子材质与温度设定不同。

烫发程序

Step1 上第一剂的膏状药水。

Step2 等待头发软化。

Step3 冲水洗净第一剂药水。

Step4 卷上卷子。

Step5 用专业热塑机器加热。

Step6 上第二剂药水定型（10 分钟）。

Step7 拆下卷子。

Step8 冲水洗发。

优点

1. 使用的药水是可耐热的。

2. 温度可以到 180℃。

3. 比较不容易直掉。

4. 发质会比较亮。

5. 卷度比较集中，都是具有立体感的卷度。

6. 湿发时比较不卷，但吹干卷度就出现。

7. 如果抹上造型产品再烘干更赞！因为热烫是越烘越卷。

缺点

1. 发根比较不容易蓬，因为怕高温烫到头皮，所以卷子也不会上到发根。

2. 烫出来的头发比较不蓬松。

3. 热烫温度可高达 180℃，比较容易伤害发质。

4. 烫过热烫的人，因头发已经被高温破坏过，将来选择冷烫会有烫不卷的可能。

选择的造型品

购买时产品上要标示有以下字眼：

1. 增加弹性。

2. 增加弹力。

3. 加强纹理。

4. 乳霜状。

5. 雾面效果。

6. 无重力。

7. 油脂含量低。

8. 轻盈不黏腻。

吹整技巧

干发时：先用发妆水、保湿护发精华或保湿性抗热产品涂抹后，再吹干。

湿发时：先将头发用毛巾按干后，涂抹上轻感的发蜡或雾面发蜡，再用烘罩烘干。

烫过的头发如果洗完后好好整理，隔天起床就不会太乱，只要将洗完脸后双手上沾着的水，轻抹于头发上，再重新吹整就 OK！

SECT. 冷烫

冷烫的药水分碱性和酸性，碱性药水 pH 值较高，适合粗硬发或健康发质的人，烫后头发比较容易干；酸性药水 pH 值较低，有添加化妆品成分，适合给细软发质或已经受损的头发，烫完比较柔软，不会干燥；有些酸性药水还有保养作用，但烫过的头发比较容易直掉，大家想要冷烫时，要先与设计师讨论清楚自己的发质适合哪一类的药水，否则像细软发，因本身弹性不好不容易让头发变蓬松，再用碱性的药水会让头发更加受损，就没有空气感的弹性飞扬效果了！

烫发程序

Step1 上卷子。

Step2 上第一剂的液状药水。

Step3 用专业烘罩加热（15 ~ 30 分钟）。

Step4 冲水洗净第一剂药水。

Step5 将卷子上的水分吸干。

Step6 再上第二剂的药水定型（15 ~ 20 分钟）。

Step7 冲水洗发。

Step8 造型。

优点

1. 卷度有日系空气感。

2. 湿的时候比较卷，吹干后变微卷。

3. 发根比较蓬松。

4. 以三种烫发来说，发质受损程度最低。

缺点

1. 卷度不容易维持，一般 3 ～ 4 个月。

2. 如果上第二剂前没有将卷子上冲洗第一剂药水的水分吸干，会将第二剂药水稀释掉，影响第二剂药水的作用，卷度则会无法定型完美。

3. 洗完头如果没有涂抹免冲洗护发造型品，吹干后会很毛糙。

4. 卷度不容易定型。

5. 一定要搭配造型品，不然卷发会很毛糙！

选择的造型品

购买时产品上要标示有以下字眼：

1. 保湿。

2. 水状。

3. 摩丝。

4. 乳液状发蜡。

5. 不含酒精。

6. 亮面。

7. 增加光泽感。

吹整技巧

记得冷烫过的头发造型时都要用烘罩，不可用吹风机。

干发时：先用发蜡涂抹于头发上，用烘罩烘干或吹干。

湿发时：用免冲洗护发精华及摩丝涂抹于头发上后，先用吹风机吹干头皮，再用烘罩由下往上烘干头发。

SECT. 离子烫

离子烫其实就是将毛鳞片压扁烫直，就像熨斗利用高温把皱掉的衣服烫平一样。刚烫完离子烫的人，两天内最好不要洗头也不要绑头发，除非你出油状况很严重，不然起码要忍耐 24 小时不洗头，不小心弄湿头发时要马上吹顺吹干，这样就可以维持直发形状很久。另外，烫直后的头发需要密集补充水分与光泽，如果不勤加保养很快就会毛糙。

包含名称

缩毛矫正、平板烫都属离子烫，只是每家 salon 的名称不同。

烫发程序

Step1 上第一剂的膏状药水。

Step2 等待头发软化。

Step3 冲水洗净第一剂药水。

Step4 吹干头发。

Step5 用专业板夹将头发分区分小片夹直。

Step6 上第二剂的药水定型。

Step7 冲水洗发。

Step8 吹干。

优点

1. 自然卷的救星。
2. 抚平很毛糙的头发。
3. 发丝有光泽。
4. 头发有柔顺感。
5. 很好整理。

缺点

1. 专业平板夹温度高，若密集使用，会伤害发质。

2. 设计师夹头发时若角度不对，会使头发长出来后有不自然的角度，甚至断发。

3. 若第一剂的药水停留过久，头发过度软化后用夹板夹时，头发容易断掉。

4. 懒惰不护发，长期靠离子烫变成上瘾，头发会越来越干。

选择的造型产品

购买时产品上要标示有以下字眼：

1. 保湿。

2. 直发专用。

3. 抗毛糙。

4. 无重力。

5. 不黏腻。

6. 离子烫后专用。

吹整技巧

洗完头按干头发后，涂抹具有抗热效果的免冲洗护发精华或保湿发妆水，将头发分 3～4 层（发量多的分四层，少的分三层），用吹风机从最里层由上往下吹，同时用手轻轻拉顺头发，顺顺地吹干。

关于烫发的 Q&A

Q：一年内可以烫几次?

A：不要太频繁烫发。

建议如果发型真的维持不久,那么热烫一年可 1～2 次,冷烫一年可 3～4 次,离子烫一年可 2～3 次。

Q：有自然卷又想要发尾一个弯的微卷应选择哪种烫发?

A：离子烫加热烫。

上面烫离子烫，下面烫热烫创造一个弹性弯度。冷烫的话弯度会比较不持久且卷度比较不立体。

Q：为什么有时候烫出来跟想象不一样?

A：冷烫需要等一段时间卷度才会自然。

因为冷烫容易变直，所以设计师在烫的时候都会加强卷度，刚烫完你会觉得太卷，但基本上 7～15 天后就会呈现出想要的卷度。热烫方面没有这种问题，在发质许可的情况下，想要的卷度都能在烫完后立刻呈现。

Q：烫完发后该怎么护发?

A：进行密集保养!

烫后的 10～15 天做密集护发，就可快速将头发流失的养分补回来！且尽可能不要过度烫发，不然再好的发质都会受损。

Q：可以只将刘海烫直吗?

A：可以的，进行表面离子烫处理。

局部烫刘海时可请设计师将靠进刘海区域的头发表面一并处理，这样就不会觉得头发毛毛的，但不要过度依赖烫直，除非你真的自然卷很严重，否则最少也要等 4 ～ 5 个月再烫。

Q：烫越久卷度会越卷吗?

A：错，跟温度与卷子的大小有关！

不要以为药水放越久卷度就会越卷，主要还是跟温度与卷子的大小有关，所以想要卷度纹理明显就选择热烫，想要蓬度极佳则选择冷烫。

Q：头发烫坏了该怎么办?

A：尽快护发并修剪坏掉的发丝。

可以剪一根头发，用力拉一下，如果头发会缩成 QQ 毛糙的形状就表示没救了，要将头发修剪掉，如果拉的时候头发只有轻微 Q 度并有粗糙毛糙感，那就尽快护发。

Q：如何避免烫直头发的风险?

A：选择可信赖的专业 salon！

烫离子烫不管上药水还是用夹板夹都要非常小心，如果药水上到头发根部，或是第一剂药水停留时间太久过度软化，或夹平板夹的角度不对，都会将头发烫坏。

正确的上药水方式是分两段上，发根是健康发质要先上，发尾是受损发质要最后再上；在夹平板夹时不能太靠近头皮夹，会有角度，拉直时要有弧度地夹，所谓烫直不是死板的，而是具有弧度的柔顺直发。

Q：既想染发又想烫发时，应该先进行哪个项目?

A：先烫再染！

先烫发再染发，因为烫发的药剂会让色素流失，烫完后密集护发二周到一个月，就可染发了！

Q：怎样才能有玉米须发根蓬松效果?

A：选择技巧性的发根烫！

我不推荐烫玉米须，建议选择有同样效果的发根烫，如扭转发根烫发，或是辫子烫发都可以让发根变得有支撑度及厚度。

Q：如何避免烫发后发质变差?

A：一定要做烫前保养!

烫发前一个月先在家里进行深层保湿护发，让发丝的营养足够，以强健的状态去烫发，就能将伤害减到最低。

Q：热塑烫、陶瓷烫、温塑烫的差别在哪里?

A：温度不同!

陶瓷烫的温度最高，会达200℃以上，专业机器也比较大；接着是热塑烫，会达150℃左右，专业机器会小一点；而温度最低的就是温塑烫，但因为要将卷子一一烘干，所以时间会久一点，卷子上的头发烘得越干，卷度越卷，维持程度根据个人发质及烫后照护而定，细软发容易直，粗硬发维持度久。

Q：烫完不喜欢，想要重新烫直或烫卷，该怎么做?

A：先护发两周到一个月!

建议先密集护发两周到一个月，帮你的头发恢复一些营养，增强抵抗力，然后再改变，否则头发没有防火墙，是很危险的。

烫后头皮护理

烫发后头皮都会有一定程度的损伤，这时候除了密集护发，也可以进行简单的头皮护理，选择优质的头皮产品，在家进行烫后的镇静，既能省下你的荷包又能维护头皮健康。

最后要提醒大家，如果在烫后头皮有任何不适感，请立即去看皮肤科医生，现在很多医院都有头皮护理疗程，也分为很多类型，大家可向医生咨询后进行适合你的疗程。

L'OCCITANE 草本舒缓头皮养护膜：敏感、干性头皮专用，凝胶质地很清爽，舒缓安抚头皮不适，在家就能好好享受烫后纾压SPA！

Aēsop 鼠尾草／雪松头皮调理精油：洗头前使用，天然植物精华液为头皮保湿、消毒、镇静纾解头皮干、痒及头皮屑问题。

Goldwell 轻感舒敏能量精华：烫发后能立刻舒缓头皮敏感等不适，减轻痒及发红的现象，且不含色素及香氛，是一款非常健康的产品。

海伦仙度丝 丝源赋活系列 头皮头发按摩霜：搭配简单的头皮按摩手法，帮助减轻头皮烫后压力，清凉的质地能让头皮恢复健康。

Rene Furterer 头皮养护 5号精油：非常有名的精油，高浓度薰衣草及柑橘精油，能深层净化舒缓，烫发后或染发后用，养护效果可比平常提高10倍。

PERFECT HAIRSTYLE

我的好帮手

这些是我走遍世界各地收藏的好东西，每一件都是我的“心头好”，它们陪伴我完成每天满档的工作，工作时少了它们我就浑身不对劲，在此跟大家分享。

吹风机：工作中一定要用的，在香港买的，造型是雾面黑色，这是我最喜欢的颜色！

外景衣：在做发型时，我会在身上披上这件白色T恤，白色最可以看出发型的轮廓与线条的精准度，不管什么颜色的头发线条都能完全展现出来。

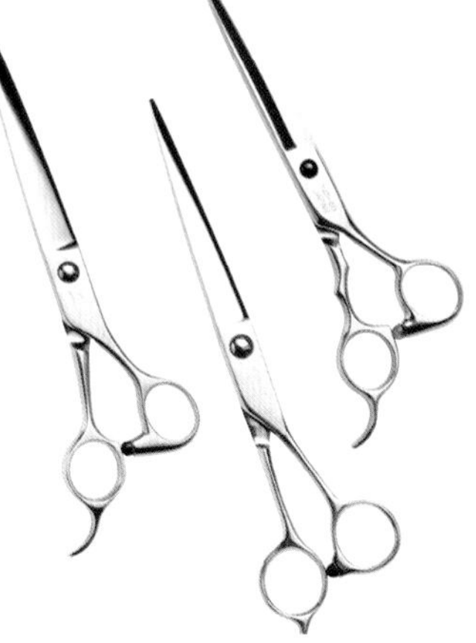

剪刀：这三把是我最常用的，超级珍贵，都是七吋半以上的剪刀，因为我喜欢用大把的剪刀，很顺手，剪起来超有感觉，打薄刀和削刀反而很少用！

摩丝加水枪：不管要吹弯或做直，造型前我都会用水枪加摩丝先去调整头发的蓬度或厚度，有了基本打底后再开始做造型。

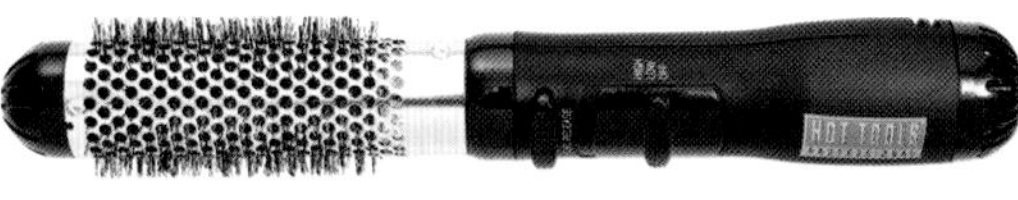

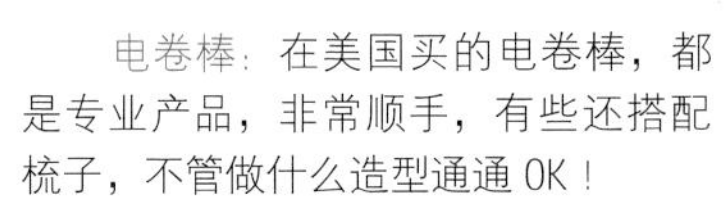

电卷棒：在美国买的电卷棒，都是专业产品，非常顺手，有些还搭配梳子，不管做什么造型通通OK！

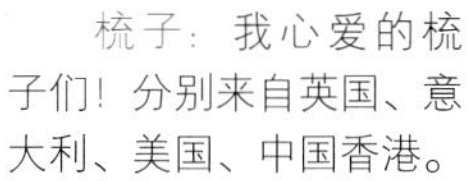

梳子：我心爱的梳子们！分别来自英国、意大利、美国、中国香港。

刮发超自然的优质鬃毛梳，刮完发再用它梳开也很快速！

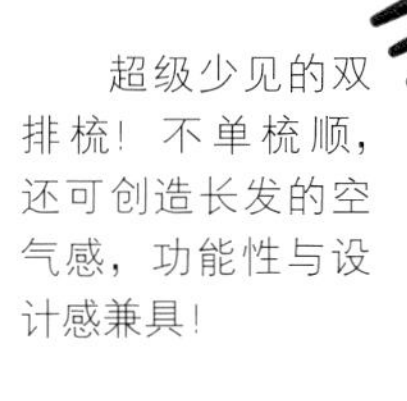

超级少见的双排梳！不单梳顺，还可创造长发的空气感，功能性与设计感兼具！

吹直或吹弯都用它，吹出来头发非常亮。

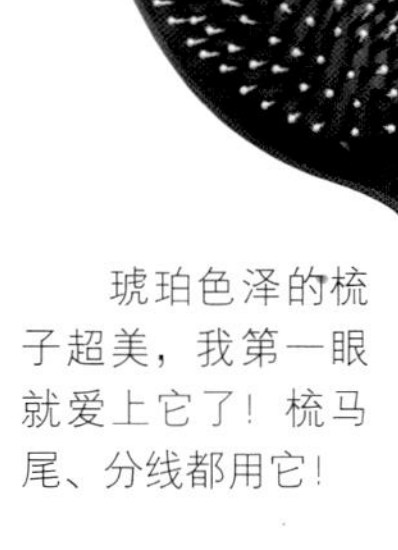

这个大方梳有弹性，梳头发的时候还有头皮按摩的效果！

琥珀色泽的梳子超美，我第一眼就爱上它了！梳马尾、分线都用它！

头皮喷雾：遇到容易出油的头皮，用它来保持头皮清爽，还能去除异味！

头皮蜜粉：头皮专用的蜜粉，打开就是刷子，可以直接刷于头皮，让头皮跟脸部的肤色不会有落差，这是我的小窍门！

定型液：在日本的激安药妆店购买的，当初只是带着试验的心态买来用用看，没想到超好用！是我目前为止用过最好用的定型液！粉红色款中度定型，黄色款强度定型，没有味道，喷起来不会有油亮感，是雾面质感。

发蜡：SH是日本的牌子，台湾也买得到，是我目前所使用过的发蜡中亲水性最强的，碰到水就掉，而且也很好塑型！

图书在版编目(CIP)数据

完美发型不求人 /吴依霖著. 一南京 : 江苏人民出版社, 2012.10
ISBN 978-7-214-08776-8

Ⅰ. ①完… Ⅱ. ①吴… Ⅲ. ①发型－设计 Ⅳ. ①TS974.21

中国版本图书馆CIP数据核字(2012)第220248号

江苏省版权局著作权合同登记：图字10-2012-228

书　　名	完美发型不求人
著　　者	吴依霖
责任编辑	刘　焱
策划编辑	宋　甜
特约编辑	刘　婷
责任校对	郭慧红
装帧设计	门乃婷装帧设计
版式设计	孙　倩
出版发行	凤凰出版传媒集团 凤凰出版传媒股份有限公司 江苏人民出版社
集团地址	南京湖南路1号A楼　邮编：210009
集团网址	http://www.ppm.cn
出版社地址	南京湖南路1号A楼　邮编：210009
出版社网址	http://www.book-wind.com
经　　销	凤凰出版传媒股份有限公司
印　　刷	北京市雅迪彩色印刷有限公司
开　　本	889毫米×1194毫米 1/24
印　　张	7
字　　数	178千字
版　　次	2012年10月第1版　2012年10月第1次印刷
标准书号	978-7-214-08776-8
定　　价	35.00元

（江苏人民出版社图书凡印装错误可向本社调换）